叠层多孔碳素电极的制备及其在电池器件中的应用

李　强　薛志超　孙　红　著

中国矿业大学出版社
·徐州·

图书在版编目(CIP)数据

叠层多孔碳素电极的制备及其在电池器件中的应用 / 李强,薛志超,孙红著. — 徐州 : 中国矿业大学出版社, 2020.10

ISBN 978 - 7 - 5646 - 3971 - 6

Ⅰ. ①叠… Ⅱ. ①李… ②薛… ③孙… Ⅲ. ①多孔碳—多孔电极—制备②多孔碳—多孔电极—应用—电池 Ⅳ. ①TM910.3②TM911

中国版本图书馆 CIP 数据核字(2020)第 197413 号

书　　名　叠层多孔碳素电极的制备及其在电池器件中的应用
著　　者　李　强　薛志超　孙　红
责任编辑　黄本斌　姜志方
出版发行　中国矿业大学出版社有限责任公司
　　　　　(江苏省徐州市解放南路　邮编 221008)
营销热线　(0516)83885370　83884103
出版服务　(0516)83995789　83884920
网　　址　http://www.cumtp.com　**E-mail**:cumtpvip@cumtp.com
印　　刷　江苏凤凰数码印务有限公司
开　　本　787 mm×1092 mm　1/16　印张 5　字数 100 千字
版次印次　2020 年 10 月第 1 版　2020 年 10 月第 1 次印刷
定　　价　28.00 元
(图书出现印装质量问题,本社负责调换)

前　言

全钒液流电池作为重要的储能装备之一，具有安全性高、容量大和使用寿命长等优点，在清洁能源储能领域占据重要地位。但是，全钒液流电池正极反应较为缓慢，是制约其商业推广应用的重要影响因素。电极作为正极反应的发生场所，其物理化学性能对正极反应的进行起到决定性作用。目前常用的石墨毡电极仍然存在着电化学活性低导致的正极反应速率过慢的问题。本书以碳素材料作为催化物质，包括氮掺杂石墨烯、石墨烯气凝胶和羟基多壁碳纳米管（Hydroxyl MWCNTs），研究上述三种催化剂对全钒液流电池性能的影响；将冷冻干燥技术和高温热解还原相结合，制备出氮掺杂还原氧化石墨烯（N-rGO）/石墨毡（GF）电极，从而显著提高石墨毡电极的电化学活性，提升全钒液流电池的整体性能；通过模板法、冷冻干燥技术与热还原相结合的方法，直接以石墨烯气凝胶作为电极材料，研究石墨烯气凝胶在全钒液流电池领域的性能表现；通过对传统石墨毡进行 Hydroxyl MWCNTs 修饰，系统地研究 Hydroxyl MWCNTs 作为催化剂对全钒液流电池性能的影响。

通过扫描电镜（SEM）、拉曼光谱（Raman）、X 射线衍射（XRD）、BET 比表面积分析、循环伏安法（CV）、电化学阻抗谱（EIS）和充放电实验对获取的三种不同电极的表面形貌、内部结构、表面积、电化学性能进行表征分析，结果表明氮掺杂石墨烯/石墨毡（N-rGO/GF）复合电极和羟基碳纳米管/石墨毡复合电极表现出高的氧化还原峰值电流和低的峰值电压差，具备高的催化活性和电化学可逆性，并降低电解液/电极界面的电荷传输电阻，显著提升全钒液流电池的整体性能；氮掺杂引入的各含氮官能团以及碳纳米管表面的羟基基团能够显著提升石墨毡电极的电化学活性。此外，由于石墨烯的高比表面积和高电导率性质，增强了复合电极对电解液中钒离子的吸附能力，从而为 VO^{2+}/VO_2^+ 正极反应提供了更多的反应活性位点，使得反应过程中的电子传输具有更高的速率，从而显著提高电极的性能。但是，石墨烯气凝胶直接作为电极材料目前尚不能满足全钒液流电池领域的应用需求。以氢碘酸还原的石墨烯气凝胶电极在正极溶液中的双电层结构性能较好，双电层电容大，对 VO^{2+}/VO_2^+ 正极反应的可逆性好，但会使 V^{2+} 还原为 V^{3+}，电极性能有待改善。本书的研究结果将为全钒液流电池电极材料的发展、提高电池使用寿命和电池性能提供一定的参考价值。

著者

2020 年 5 月

目　次

第1章 绪　论

1.1 研究背景

人类社会文明的进步以及世界经济的快速发展与能源的发展息息相关。在人类发展历程中,能源结构主要经历了四次重大的时代变迁。但是,发展至今,人类消耗的能源仍然主要源自煤炭、石油、天然气等不可再生能源,这些不可再生能源正面临日趋枯竭的局面;只有少部分的能源消耗来自风能、水能、太阳能等可再生清洁能源[1]。因此,随着世界人口的急剧增加,人类对能源的需求量也与日俱增,不可再生能源的储备很难满足剧增的能源需求。目前,全球已探明的不可再生能源储备量正日趋减少,世界能源危机日益显现。此外,随着不可再生能源的持续使用,其污染物排放所导致的环境问题已然显露。例如,氮氧化物、二氧化碳、硫化物等污染气体的大量排放,导致全球气候变化明显,如近年来各种极端天气频频出现。此外,有害有毒等排放物导致其他自然资源诸如土地资源、水资源受到污染,所带来的环境污染问题日渐突出。面对能源储量短缺、自然环境恶化等问题,人类对环境友好型、可再生清洁能源的发展利用愈发重视。目前,世界多个国家已经将调整能源结构、改变能源供给比例(提高可再生能源的比例)和发展可再生能源作为重要能源战略发展目标,以保证能源的可持续发展和利用,并致力于创建人类幸福宜居的生存环境[2]。

可再生能源主要包括核能、水能、太阳能、风能、地热能、潮汐能等。电能作为主要的终端消耗能源,是各类可再生能源致力于发电的主要原因。目前,太阳能、风能、水能发电技术已经非常成熟并已经实现商业化应用。全球各国的风能、太阳能、水能发电机的装机总容量正逐年快速增长。但是,太阳能、风能、水能的发电受自然条件的影响较大,如昼夜交替、阴雨晴雪、四季更替等,使得产生的电能具有较大波动且不连续输出,容易出现供电不足或供电量过剩的问题,从而对电网的安全稳定产生影响,使得太阳能和风能发电的发展受限。为解决可再生能源发电的电力输出不稳定和不连续等问题,目前各国研究者致力于开发探索多种适用于可再生能源发电电网的储能技术和设施。中国作为最大的发展中国家,在其“十三五”

规划中已经将构建现代能源储运网络,加快能源储备和电网调峰设施建设作为重要的发展目标之一。在各种大规模的现代能源存储装置中,全钒液流氧化还原电池(VRFB)已经实现商业应用,广泛应用于风能储能、太阳能储能以及电网调峰等领域。但是 VRFB 仍然存在着电极亲水性差、电化学活性低,电解液价格、质子交换膜价格昂贵,电解液的跨膜传输以及高电流密度下过电势过高等一系列问题。因此,发展具有高性能的 VRFB,解决目前电极材料等存在的瓶颈问题,对推动我国可再生能源的发展和利用具有重要意义。

1.2 全钒液流电池介绍

液流电池的概念最早于 1974 年提出。之后,全球各研究者不断致力于各种类型液流电池的研发。根据电解液的性质,液流电池的类型主要分为沉积型液流电池、液-液型液流电池和固-固型液流电池。其中,沉积型液流电池和固-固型液流电池存在着反应物沉积、反应活性物质危险性高、反应物及反应产物对环境危害性较大以及面临的诸多技术难点等问题,使得其发展和应用规模均不及液-液型液流电池[3]。根据反应类型的不同,液-液型液流电池可分为全钒液流电池、多硫化钠/溴液流电池、铁/铬液流电池、全铬液流电池和锌/溴液流电池等[4]。在各类型的液流电池中,全钒液流电池作为重要的储能电池之一,目前已经实现广泛的研究和应用,其技术较为成熟,使其成为唯一一种大规模应用的液流电池技术。VRFB 是一种以钒离子作为活性物质,正负极电解液呈循环流动的氧化还原液流电池。VRFB 的正负极电解液均为钒离子,避免了正负极电解液相互污染的问题。电池放电时,电解液存储的化学能转化为电能,电池正负极之间的电势差降低;电池充电时,电能转化为化学能并存储在电解液中,电池正负极之间的电势差升高。相比于其他类型的液-液型液流电池,VRFB 具有安全稳定性高、操作和维护简单、响应速度快、可深度充放电、电池使用寿命长、无交叉污染、可实时监测充放电状态等优点,已发展成为重要的液流储能设备,广泛应用于风能发电储能、太阳能发电储能、应急电源系统、清洁能源发电调幅调频以及平滑输出等领域[5]。

1.2.1 全钒液流电池的工作原理

全钒液流电池工作原理基于钒离子的四种不同价态离子,其中负极为 V^{2+}/V^{3+} 电对,正极为 VO^{2+}/VO_2^+ 电对,并与硫酸溶液混合形成电解液。电解液通过蠕动泵在质子交换膜的两侧循环流动,在此过程中电解液中的钒离子在电极表面进行电子转移,实现化学能和电能之间的相互转化。全钒液流电池内部以质子交换膜实现离子导电通道和电解液分隔,通过离子导电实现电流回路的电池储能系统[6-7]。

在充电过程中,四价钒离子失去电子转变为五价钒离子,三价钒离子得到电子转变为二价钒离子,放电过程则相反。在电池的充放电过程中,电子通过外电路实现电子传输,电解液中的质子则通过质子交换膜实现跨膜传输,从而形成完整的电流回路,并确保正负极电解液的电荷守恒,电解液呈电中性。质子交换膜在电池的稳定运行中起到重要作用,有效分隔电池正负极电解液,从而有效降低或避免正负极电解液存在的交叉污染和钒离子跨膜传输引起的电池容量衰减等问题。全钒液流电池工作原理图如图 1-1 所示。

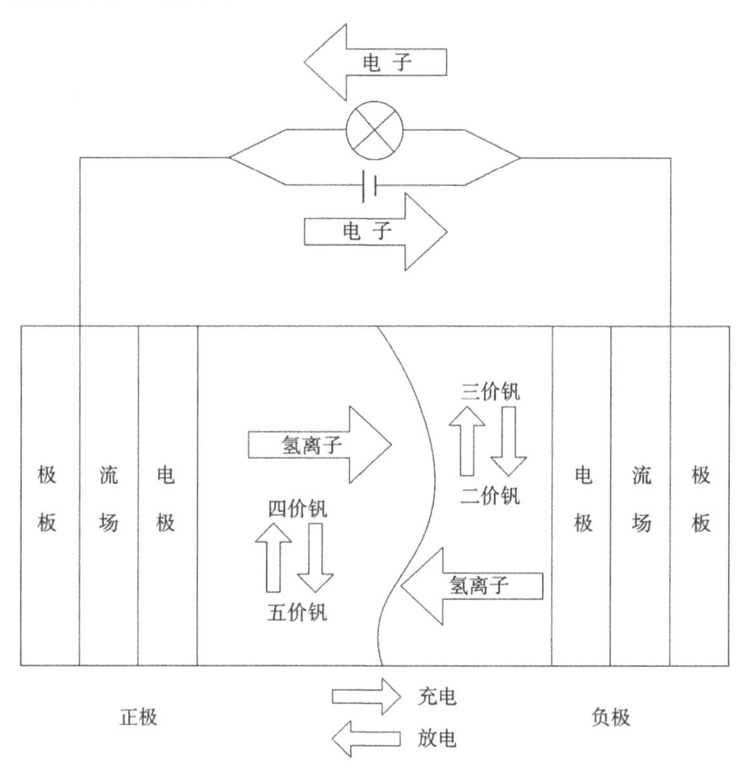

图 1-1　全钒液流电池工作原理

充放电过程中正、负极的电极反应如下:

正极:
$$VO^{2+} + H_2O \underset{放电}{\overset{充电}{\rightleftharpoons}} VO_2^{+} + 2H^{+} + e^{-} \quad (1.1)$$

负极:
$$V^{3+} + e^{-} \underset{放电}{\overset{充电}{\rightleftharpoons}} V^{2+} \quad (1.2)$$

总反应:
$$VO^{2+} + V^{3+} + H_2O \underset{放电}{\overset{充电}{\rightleftharpoons}} VO_2^{+} + 2H^{+} + V^{2+} \quad (1.3)$$

在 VRFB 放电过程中，正极的 VO_2^+完全转化为 VO^{2+}，电压值为+1.004 V；负极的 V^{2+}完全转化为 V^{3+}时，电压值为-0.255 V。因此，全钒液流电池的理论放电电压为 1.259 V。

1.2.2 全钒液流电池的特点

以全钒液流单电池作为模块，将各模块串联组成电堆，可以非常容易实现全钒液流电池的规模化。全钒液流电池具有电池容量与功率能够相互独立的优点，其容量取决于电解液的体积和浓度，而功率则取决于电极的尺寸与性能。因此，可以独立地调节电池的容量与功率。无论正极电解液（VO^{2+}/VO_2^+）还是负极电解液（V^{3+}/V^{2+}），电解液中的活性物质均为钒离子，通过将电解液中钒离子转变为初始价态，能够非常容易地实现电解液的实时恢复，从而实现电池的高循环稳定性。反应活性物质以离子的形式存在于电解液中，充放电时不发生相变或者脱落等情况，因此电池可实现深度充放电且不对电池本身造成损伤。通过观察电解液的颜色变化，可定性估计电池所处的充放电状态。在未充电时，正极的 VO^{2+}为蓝色，负极的 V^{3+}为绿色；当电池充满电时，正极为 VO_2^+，呈现黄色，负极为 V^{2+}，呈现紫色。

但是，在全钒液流电池的实际商业推广应用中，仍然存在着一些关键技术问题制约着全钒液流电池的发展。例如，钒电池的能量密度较低、同等规模的钒电池要比其他电池体积更大；电池的稳定运行需要严苛的密封条件，密封性能不佳将导致电解液的泄漏和副反应的发生；电池运行容易受到温度的限制，若温度过高，正极出现五价钒析出的情况，导致电解液流动管路堵塞；若温度过低，负极的二价钒不能稳定存在；此外，目前的质子交换膜主要采用纳菲（Nafion）膜系列，进口的 Nafion 膜价格非常昂贵，并且对钒离子的渗透比较高，其阻挡钒离子的性能较弱，无法有效阻挡钒离子穿过隔膜，导致电池在长期运行后出现正负极电解液失衡的现象，造成电池容量衰减，降低了电池的使用寿命。

1.2.3 全钒液流电池的商业应用

全钒液流电池具备容量大、功率高、容量与功率相互独立、使用寿命长、安全稳定性好以及绿色无污染等优点，在电网调峰、风力发电、通信基站、市政交通、应急电源以及新型智能电网等领域具有广阔应用前景。经过几十年的发展，全钒液流电池储能技术已经日趋成熟，并逐步走向产业化应用，在日本、美国、加拿大、澳大利亚和中国等国家已经建造了多座兆瓦级的储能示范系统。近年来，钒电池在中国发展迅猛，包括中国科学院大连化学物理研究所、中国工程物理研究院、清华大学以及中南大学在内的有关单位均已研发出千瓦级以上的全钒液流电池样机及储能示范系统。中国科学院大连化学物理研究所和大连融科储能技术发展有限公司最先合作建立了5 MW/10 MW · h的钒电池储能系统,以应用于风能发电的储能。全钒液流电池的发展也受到国家层面的重视。2016年6月,全钒液流电池被正式列入了《中国制造2025——能源装备实施方案》,力求促进包括全钒液流电池在内的各储能技术的发展,从而促进我国可再生能源的利用,改变能源紧缺的困局。此外,国家于2016年首次批复了在大连建设200 MW/800 MW · h的全钒液流电池储能调峰电站,为当时全球最大规模的化学储能电站。在国家能源局正式发布的《能源技术创新"十三五"规划》中,全钒液流电池被单列为应用推广类储能技术,目的在于推进全钒液流电池储能技术的产业化。

1.3 全钒液流电池的国内外研究现状

1985年,澳大利亚新南威尔士大学的马里亚 · 凯科斯(Marria Kacos)提出了全钒液流电池的概念,并于次年申请了第一个有关液流电池的专利。随后,澳大利亚新南威尔士大学的研究者展开对全钒液流电池的深入研究,其研究领域涉及全钒液流电池电极动力学研究、电极材料表面修饰及质子隔膜的研发、电池性能测试、电解液选择与研发制备以及新型双极板的开发等方面,极大地推动了全钒液流电池领域的发展[8-9]。1999年,平纳科钒电池(Pinnacle VRB)公司将购买的全液流电池专利转卖给日本的住友电工(SEI)公司和加拿大的万特克(Vanteck)公司。日本开始在全钒液流电池的研究应用方面占据领先地位。日本住友电工公司设计研发出多款不同规模的全钒液流电池储能系统,逐渐将全钒液流电池向实际商业应用推进。例如,日本住友电工公司将其设计的百千瓦级全钒液流储能系统应用于电网调峰、供电和风力发电的平滑输出等领域[10]。随着技术的不断改进与完善,日本住友电工公司已经成功建立可用于风电场调频、调峰、平滑风电输出的兆瓦级规模的全钒液流电池储能系统,显著促进全钒液流电池的规模化应用和商业化应用。目前,日本、美国、澳大利亚、丹麦等国家在钒电池的研究和应用技术上比较先进,其中最杰出代表是加拿大钒电池储能系统(VRB Power Systems)公司、日本住友电工公司、鹿岛(Kashima-kita)电力公司、奥地利舍尔斯特罗姆(Cellstrom)公司以及泰国舍尔恩纽(Cellennium)公司等。

全钒液流电池在国内研究已经有30多年的历史。目前,国内全钒液流电池技术的研发水平与发达国家之间的差距正逐渐缩小。国内全钒液流电池的研发单位众多,例如中国科学院大连化学物理研究所、清华大学、上海电气集团股份有限公司中央研究院、中国科学院电工研究所、国网电力科学研究所、中国地质大学、上海交通大学、东北大学、中南大学等高校和研究院所均致力于钒电池的研究工作。在全钒液流电池的实际商业应用方面,大连融科储能技术发展有限公司、北京普能世纪科技有限公司、上海林洋储能科技有限公司、国电南瑞科技股份有限公司等企业均致力于钒电池的应用技术研究。各科研院所与企业相互合作，通过产学研相结合，发挥各自的优势，致力于全钒液流电池的科学研究与实际推广应用，已经研发出达到国际领先水平的全钒液流电池系统。

全钒液流电池储能系统主要组成部分包括全钒液流电池系统和全钒液流电池检测管理系统。其中，全钒液流电池系统由电堆、电解液储存器、正/负极电解液、液体管道、循环蠕动泵、辅助仪表及电信号监测保护设备组成[11]。全钒液流电池电堆由多个单体电池堆叠而成，是全钒液流电池储能系统的核心，其功能是完成化学能与电能之间的相互转化；电解液储存器作为电解液储存场所，其材质主要有PVC、PP、PE等耐强酸腐蚀材料，从而确保储液容器具有高安全可靠性，避免电解液泄漏而造成环境污染；循环蠕动泵主要有离心泵和磁力泵，采用的材质为PP或者聚四氟乙烯等耐腐蚀材质，其功能是促使电解液在电池系统内以稳定的流速循环流动；辅助仪表及监测保护设备主要有电压电流监测仪、电解液过滤器、各种用于监测压力和温度的仪器仪表。全钒液流电池检测管理系统主要由传感器、各种阀门开关以及计算机控制系统组成，主要对电堆各子电池的电流、电压、电解液进行实时监测，保证电池系统的平稳安全运行。

尽管全钒液流电池具有电化学稳定性高、使用寿命长、安全性高、绿色无污染等优点，但是相比于其他电池，如锂离子电池，全钒液流电池的能量体积偏低，仅为25 W·h/kg[12]。为了进一步提升全钒液流电池的性能，广大研究者对全钒液流电池的各关键部件展开研究。其中，全钒液流电池电极材料的探索是近年来的研究重点和热点。目前常用的电极材料主要包括金属电极和碳素电极。金属电极常采用金、铅、钛、钛基铂和钛基氧化铱等，存在着生产成本高、电化学可逆性差等缺点，不适合大规模应用于全钒液流电池。聚丙烯腈基(PAN)石墨毡作为碳素材料的一种，是目前全钒液流电池领域主要的电极材料，具有高比表面积、高电导率、高抗氧化性和抗腐蚀性等优点[13]。但是，石墨毡电极存在电极表面亲水性差和电化学活性低，电极表面的反应速度较慢，限制其在全钒液流电池领域的规模化应用。全钒液流电池性能不仅受到电极反应速度的控制，还受到电解液在多孔电极内的迁移速度、扩散速度以及浓度分布等因素的影响。因此，发展兼具高亲水性和高电化学活性的石墨毡电极、研究全钒液流电池在该电极体系下的电化学反应机理和传质规律为全钒液流电池的整体性能提升具有重要意义。

1.3.1 电解液研究现状

根据电解液的化学性质，全钒液流电池电解液可分为有机电解液和无机电解液。有机电解液尚不成熟，目前普遍使用的为无机电解液。无机电解液以水作为溶剂，并配备一定浓度的硫酸作为电解质。电解液中的活性物质均为钒离子。其中，正极电解液中的活性物质为 VO^{2+} 和 VO_2^+，在充电条件下 VO^{2+} 转变为 VO_2^+。负极电解液中的活性物质为 V^{2+} 和 V^{3+}，在充电条件下 V^{3+} 向 V^{2+} 转变。不同价态的钒溶液呈现出不同的颜色（V^{2+} 溶液呈紫色，V^{3+} 溶液呈绿色，VO^{2+} 溶液呈蓝色，VO_2^+ 溶液呈黄色）。由于全钒液流电池的容量和能量密度主要由电解液的体积和钒离子浓度决定，因此电解液中各价态钒离子的稳定性对电池系统的稳定性和安全性起到至关重要的作用。因此，研发制备新型的正负极电解液以及提高各反应离子在电解液中的稳定性具有重要意义[10]。

目前主要有三种制备全钒液流电池电解液的方法。第一种方法是以硫酸氧钒（$VOSO_4$）为原料，直接将其溶解在一定浓度的硫酸溶液中得到正极电解液，再通过还原的方法得到负极电解液。尽管这种制备方法比较简单，但是由于 $VOSO_4$ 的价格较高，此方法不适用于大规模的钒电解液制备，仅限于实验室中少量钒电解液的制备。另外两种制备方式为化学法和电解法，且都以五氧化二钒（V_2O_5）作为原料来生产所需的正负极电解液。化学法和电解法的不同之处在于化学法通过控制反应温度或者添加不同还原剂的方式得到 $VOSO_4$ 水溶液，而电解法基于电解的原理，将五氧化二钒等钒氧化物作阴极，通过控制施加的电流以及电压范围得到不同价态钒离子的电解液[14]。通过化学法，以草酸为还原剂对 V_2O_5 还原，制备出高电导率、高稳定性、宽工作温度范围的全钒液流电池电解液。该方法具有制备工艺简单，且制备成本低廉的优点。此外，也能够以 V_2O_3、V_2O_5 以及稀硫酸为原料，通过化学法制备硫酸氧钒溶液。再向制备的 $VOSO_4$ 溶液中加入乳化剂 OP 和硫酸钠等添加剂，进一步采用电解法制备 VO^{2+}、V^{3+} 占总钒比例均为 50% 的钒电解液。该制备方式有效降低了原材料在生产过程中的损耗，有利于推动电解液的规模化生产。

不同价态钒离子的稳定性对全钒液流电池的性能起到重要作用，而钒离子的稳定性又受钒离子浓度、溶解度、化学稳定性以及环境温度的影响。因此，提高全钒液流电池电解液的离子稳定性具有重要研究价值。V^{2+} 为低价离子，若跟空气接触，易被空气中的氧氧化。另外，V^{2+}、V^{3+} 和 VO_2^+ 在硫酸中的溶解度较低，容易在高浓度或低温电解液中出现析出沉积现象，会导致电解液流动通道的阻塞，影响全钒液流电池的容量和安全稳定性。众多研究学者致力于通过向电解液中加入添加剂的方法以提高钒离子的稳定性、钒离子的溶解度和抗氧化性，并研究添加剂对不同价态钒离子稳定性的影响。管涛等人研究了五种不同的添加剂对 V^{3+} 结晶以及全钒液流电池整体性能的影响。研究结果表明，以草酸铵、尿素和乙二醇作为添加剂，可有效抑制三价钒离子的结晶析出现象，从而抑制电解液中 V^{3+} 的浓度降低速率[15]。

1.3.2 质子交换膜研究现状

质子交换膜作为全钒液流电池重要组成部分之一,其性能直接决定电池的性能和使用寿命。质子交换膜在全钒液流电池中主要起到分隔正负极电解液、构成导电回路、选择性透过质子、阻止反应活性物质的跨膜运输等作用。在选择质子交换膜时,主要考虑隔膜材料的质子交换当量、质子交换容量、吸水率、质子传导率和面电阻等,从而确保隔膜具有高质子选择性、高质子导电性、高阻钒能力、优异的物理化学稳定性[16-17]。根据树脂的不同氟化程度,全钒液流电池质子交换膜可分为非氟质子传导隔膜、部分氟化质子交换膜和全氟磺酸基质子交换膜[18]。杜邦公司生产的 Nafion 系列膜是目前全钒液流电池中应用最为广泛的一种全氟磺酸阳离子质子交换膜。Nafion 膜的聚合物主链结构上富含磷酸基(—PO_3H_2)、磺酸基(—SO_3H)、亚磷酸基(—PO_2H_2)和羧基(—COOH)等基团,因此可以解离出质子,有利于质子在 Nafion 膜内的传导[19]。Nafion 膜具有优良的离子导电性,稳定的化学性质,但是存在钒离子阻隔性稍差、钒离子跨膜运输的问题,并且也存在成本较高等不足[20]。针对上述问题,为提高 Nafion 膜的离子选择性,抑制钒离子在 Nafion 膜中的跨膜运输,李(K. J. Lee)等人用氧化石墨烯(GO)对全钒液流电池质子交换膜进行改性,制备出 GO/Nafion 复合质子交换膜。研究表明,GO/Nafion 复合膜比原始的 Nafion117 具有更低的吸水值,从而有效提高质子传导率,显著地降低钒离子的渗透率;对于装载质量分数为 0.01% GO 修饰复合膜的全钒液流单体电池,单体电池的能量效率可以达到 82.5%[21]。谭(Q. L. Tan)等人通过在 Nafion 膜表面上均匀涂布壳聚糖-磷钨酸(PWA),分析改性后的复合膜对质子和钒离子的选择通过情况。研究结果表明,单表面修饰的 Nafion 膜和双表面修饰的 Nafion 膜使钒离子的渗透率分别降低了 92% 和 92.7%,有效抑制钒离子的跨膜传输。为进一步开发出价格低廉、性能优异且能够实现商业化应用的隔膜,广大研究者对部分氟化质子交换膜和非氟离子传导隔膜进行了广泛而深入的研究。相比于 Nafion 膜,尽管部分氟化质子交换膜和非氟离子传导隔膜具有制备成本低以及离子选择性高等优点,但仍然存在耐久性差、抗氧化性不足、电导率较低和装配后的电池效率不高等问题,仍需不断进行改进。

1.3.3 双极板的研究现状

双极板作为相邻单体电池接触部分,应具有良好的阻液性、致密性和耐腐蚀性。双极板对强酸性、强腐蚀性电解液进行分隔,避免正负极电解液的交叉污染对电池性能的影响。双极板同样起到全钒液流电池正负极电化学反应中产生的电流的收集作用,所以双极板要求高电导率和低的电阻。此外,全钒液流电池的双极板与常用的石墨毡电极直接接触,并在电池安装完成后对电极起支撑作用,因此双极板的机械强度和抗弯强度均有一定要求。此外,双极板的加工难易程度、加工所需成本、热导率也是选择双极板材料的重要考虑指标。

目前液流电池领域常用的双极板材料包括碳素类材料、金属材料以及复合材料。金属材料主要包括金和铂等贵金属,具有高导电性、高机械性能和可加工性强等优点,但是受限于贵金属的高生产成本,导致其商业应用价值较低,难以实现商业化的推广应用[22]。碳素类材料在导电性、致密性、耐腐蚀性和机械强度等方面具有较好性能。随着加工水平的不断提高,双极板表面流道的加工成本不断降低,使得碳素类材料逐渐成为全钒液流电池领域中主要的双极板材料[23]。目前,双极板研究的方向主要集中于双极板形状设计优化、流道结构设计优化和流道内流动状况研究等。库马尔(S. Kumar)等人研究了不同流道结构对全钒液流电池电化学性能的影响,包括蛇形流道、交叉流道和平行流道的流场板。研究结果表明,装配蛇形流道双极板的全钒液流电池有较高的电流效率和较高的能量效率。并且当在电解液流速较高的条件下,电池的能量转换效率高达80%[24]。流道深度也对全钒液流电池性能也有着重要影响。研究结果表明,当流道深度在1.5 mm时,流道深度的降低有利于增加电解液在流道内流动时的压降,从而提高电解液的渗透率,提升全钒液流电池的整体性能[25]。复合材料的双极板通过碳素类材料与多种聚合胶体混合后,再对混合物进行压制而成。但是复合材料的双极板存在导电性差、混合不均匀以及混合材料易脱落等问题,导致其实验结果无法满足实际需求,因此,需要进一步的研究探索以提升复合双极板的性能。

1.3.4 电极研究现状

目前,全钒液流电池在应用和推广上仍然存在一些基础和技术瓶颈问题,国内外仍然在不断投入巨资和人力进行深入研究,主要研究内容包括电解液、质子交换膜、电极材料、系统的集成和控制等。电极作为全钒液流电池关键部件之一,为电化学反应提供反应活性位点,因此电极表面催化基团的种类和数量对全钒液流电池电化学反应的可逆性和电池整体性能有着重要影响[12]。由于全钒液流电池的电解液包含硫酸,呈强酸性,因此电极材料要求高电化学活性、高抗氧化性、强耐酸性、高导电性、高机械强度、高稳定性以及成本低廉。

国内在电极材料方面已经展开较深入的研究。例如,东北大学的刘会军(Huijun Liu)等人研究了全钒液流电池电极石墨材料的腐蚀,并采用在线质谱分析,研究在全钒液流电池运行过程中的石墨电极电化学腐蚀状况[12-13]。张天山(Tien-Chan Chang)等人[26]研究了全钒液流电池压缩碳毡电极的电学、机械和形态学方面的特性。中国科学院沈阳金属研究所研究了全钒液流电池的多种电极材料及其对电极界面电化学反应的影响[27]。贾志军等人[28]深入研究了全钒液流电池中正极反应电对 VO_2^+/VO^{2+} 的氧化还原反应动力学。刘素琴等人[29]采用极化曲线、循环伏安法和电化学交流阻抗谱分析研究了全钒液流电池电极界面的电化学反应机理。

目前全钒液流电池电极主要有金属类电极、碳素类电极以及复合电极等。碳素类电极具有成本低廉的优势,通过各种表面修饰方法能进一步提高电极的电化学反应可逆性。碳素类电极材料主要包括石墨毡、碳毡、碳纳米管、氧化石墨烯、石墨烯等。石墨毡是碳毡在惰性气氛下,如氩气,经 2 000 ℃的高温处理和针刺处理后获得,具有高电导率、高比表面积、高机械强度和低制造成本等优点,是目前全钒液流电池中应用最为广泛的碳素类电极材料。但石墨毡电极存在着电极亲水性差、催化反应可逆性低和电化学活性不高等问题,从而导致全钒液流电池的整体性能表现不佳,因此在石墨毡电极使用之前需要对其进行表面预处理。石墨毡电极从最初的金属化处理[30-31]、氧化处理[32-36]、氮化处理[37-38]、等离子处理[39],逐渐发展到同纳米活性颗粒[40-41]、氧化石墨烯[42-43]以及石墨烯[44]等催化活性物质结合,作为复合电极应用于全钒液流电池领域。常见的石墨毡电极预处理方法主要包括金属或金属氧化物处理,以及氧化处理等。

氧化处理是通过酸氧化或者空气氧化的方法在石墨毡表面引入—OH、—COOH等含氧官能团。研究结果表明—OH 和—COOH 等含氧官能团在液流电池电化学反应中起到重要的催化作用,进而有效解决石墨毡电极电化学活性低的问题。氧化处理方法具有成本低廉、可操作性强、操作简易和可大批量处理等优点,已经得到了广泛的应用。氧化处理方法主要包括酸处理、电化学氧化处理和热处理等[45]。其中,热处理方法包括气体热处理和水热处理。水热处理是指利用稀氨水、稀氢氟酸等强氧化溶液,将石墨毡浸入该溶液中进行水热反应[46]。气体热处理是指以气体作为氧化源,如空气、氧气和臭氧等,在不同的氧化气体氛围下对石墨毡进行加热氧化。空气气氛热处理为最常见的石墨毡预处理方法。将石墨毡在加热约 500 ℃的热空气氛围中进行处理,能够在石墨毡表面引入含氧官能团从而提高电极的电化学活性。此外,经处理后的石墨毡表面出现表面微刻蚀,使得石墨毡的比表面积显著增高,从而为电化学反应提供更多的反应活性位点[47]。但是,空气气氛热处理存在着因处理参数或者处理工艺不当而导致的石墨毡电极过度氧化的问题,使石墨毡纤维断裂和石墨毡导电性降低,进而导致石墨毡电极的电化学活性下降和电池的使用寿命降低[48]。

氮化处理的优点在于不仅能够提升电极材料的亲水性、电催化性能,并且避免了电极因氧化处理而导致的电导率下降和电极腐蚀问题。相比于金属化处理,氮化处理具有成本低,避免因金属粒子脱落而导致的电解液污染问题。氮化处理的方法有水热法[37-38]、化学气相沉积(CVD)[49]、热活化法[50]、等离子体处理以及氨源热解法[51-52]等。其中,氨源热解法具有操作简单、成本低廉的优点。该方法以热源作为能量,能够在氨源热解的同时实现其他化学物质的氧化还原,因此得到了广泛应用。

为了进一步提高石墨毡电极的电化学活性,可利用纳米活性粒子超高的电催化活性,如金属纳米粒子[41,53-54]、金属氧化物纳米粒子[55-57]、氧化石墨烯、石墨烯、碳纳米管等,将其吸附在电极表面。尽管金属纳米粒子复合电极表现出优良的电化学活性和可逆性,但是金属纳米粒子催化剂的使用提高了成本,因而限制其商业应用。为了降低成本,低费用的金属氧化物,如 Mn_3O_4 和 WO_3,也已经被用作催化剂。金姆(Kim)等人制备了 Mn_3O_4 纳米颗粒修饰的电极,研究结果表明以 Mn_3O_4 作为催化剂能够提高 VO_2^+/VO^{2+} 和 V^{3+}/V^{2+} 氧化还原反应的催化活性,从而提高全钒液流电池的放电容量和能量效率[55]。姚(C. Yao)等人提出以 WO_3 作为催化剂并修饰于碳纸电极,同样能够显著提升全钒液流电池的充放电效率[56]。近期,周(H. Zhou)等人制备了 ZrO_2 修饰的石墨毡电极,研究结果表明 ZrO_2 修饰电极不仅能够提高钒电解液的可接近性,同时为电化学反应提供了更多的反应活性位点,从而提高电催化活性和电化学反应可逆性[58]。

但是,金属氧化物纳米粒子电导率低,并且金属氧化物的表现依赖于其纳米粒子尺寸和分布的均匀性,需要复杂和冗长的前期准备。韩(P. Han)等人将氧化石墨烯(GO)纳米片修饰于电极表面,该方法能够提供大量的含氧基团来提高电极的催化性能[42]。为了解决 GO 纳米片修饰电极存在的电导率较低问题,P. Han 等人通过将 GO 和多壁碳纳米管进行交联并以此作为催化剂,有效地提升全钒液流电池的电压效率、能量效率以及功率效率[43]。

相比于金属氧化物纳米粒子、金属纳米粒子、氧化石墨烯和多壁/单壁碳纳米管,石墨烯具备超高的比表面积和超高电子迁移率的特点,并且可以采用液相合成方法制备,制备成本较低,能够实现批量化生产。理论上,石墨烯是一种碳原子单层排布的平面晶体,晶体内碳原子以 sp^2 杂化的方式形成单层。首先,石墨烯具有的共轭结构能够增强反应过程中对反应物活性物质的吸附,使得石墨烯修饰的电极界面处具有更高浓度的活性物质。其次,石墨烯超高的电子迁移率能够促进电化学反应过程中的电子传输,从而显著提高电化学反应的反应动力学性能。再次,石墨烯具有极高的热学和电化学稳定性,确保其作为催化剂的稳定性。因其电导率优异、机械强度高、比表面积高、电子转移速率快等优点,石墨烯在各个领域,如化学、物理、材料、能源、环境等领域,都有着极大的应用潜力[59]。

最初的石墨烯由机械剥离法制取,后来逐渐发展出外延生长方法、化学气相沉积合成法以及氧化石墨还原法等。机械剥离方法具有操作简单的特点,可以得到高质量的单层石墨烯晶体,但是存在着石墨烯制取耗时长、生产效率低以及无法制备出特定尺寸的石墨烯等问题,因此并不适合规模化商业生产[60]。外延生长方法以 SiC 单晶作为制备石墨烯的原材料,通过对 SiC 单晶进行高温处理,将单晶中的 Si 原子蒸发,留下的 C 原子在载体表面自发组合得到石墨烯晶体。外延生长方法可用于制备大面积的高质量石墨烯,但也存在着设备结构复杂、对设备的安全性要求高等问题,使得石墨烯的制备成本也相对较高[61]。金属催化外延生长法与外延生长方法的原理基本相同,但是金属催化外延生长法以碳氢化合物为碳源,基底通常为铂、金等具有催化活性的金属。化学气相沉积合成法通过在高温环境下,促进碳氢化合物之间的反应,在催化剂表面形成高质量的石墨烯晶体[62]。例如,传统的甲烷与氢气作为反应物质,在高温条件下(约 1 200 ℃),可以在铜膜表面获得高质量的石墨烯。化学气相沉积合成法生产石墨烯的能耗较低,是目前最有实现石墨烯商业化应用的方法。氧化石墨还原法以鳞片石墨作为碳源,以浓硫酸、高锰酸钾作为强氧化剂,将鳞片石墨或膨胀石墨氧化为氧化石墨,通过对氧化石墨进行超声分散,获得氧化石墨烯溶液,再利用还原剂对氧化石墨烯进行还原,进而得到还原氧化石墨烯,简称石墨烯。采用氧化石墨还原法得到的石墨烯的质量相对较低,通常为多层石墨烯结构,但是其操作较为简易、制备成本低,并且对设备的要求低,降低了前期设备投资成本,可用于大规模的商业生产,也适用于实验室内制备石墨烯[63]。经典的 Hummers(赫默斯)法是实验室制备氧化石墨烯的常用方法。在 Hummers 法制备氧化石墨烯的过程中,鳞片石墨经历了低温氧化、中温氧化和高温氧化三个阶段。鳞片石墨由于片层内部和边缘位置含氧基团的引入,被氧化为氧化石墨。在此过程中,石墨原有的晶体结构遭到破坏,石墨内部片层间因石墨晶体表面引入大量的羟基、羧基、环氧基等含氧官能团而距离增加[64]。已经有研究者将氧化石墨烯还原后的石墨烯作为催化剂并应用于全钒液流电池。氧化石墨烯还原后的石墨烯表面仍有部分含氧官能团残留,且具有高比表面积和高催化活性[65]。有研究者将部分还原的氧化石墨烯和石墨烯修饰于石墨毡电极,研究氧化石墨烯和石墨烯修饰后的电极催化特性。目前已经有研究者采用水热法制备的石墨烯作为催化剂涂覆在玻碳电极并应用于全钒液流电池,研究表明石墨烯修饰的复合电极具有高催化活性,得益于石墨烯的高比表面积和高电导率,从而有效提升电池性能[37]。付(S. Fu)等人进一步对石墨烯进行氮掺杂,利用 rGO 和碳纳米管的协同效应,制备以氮掺杂的 rGO/碳纳米管为催化剂的复合电极。制备的复合电极能够显著提升全钒液流电池的正极 VO_2^+/VO^{2+} 反应动力学性能[66]。布拉西(O. Di. Blasi)等人在碳毡上修饰氧化石墨烯,再在不同温度下对碳毡表面的氧化石墨烯进行还原,得到石墨烯/碳毡电极,并采用循环伏安法对制备的石墨烯/碳毡电极在全钒液流电池电解液中的电化学性能进行研究,研究结果表明石墨烯表面残留的含氧官能团对全钒液流电池正极电化学反应和负极电化学反应均有明显的催化作用[65]。采用简便的水热法同样可制备出高电导率和高电化学稳定性的石墨烯-石墨毡(rGO-GF)复合电极,该复合电极对全钒液流电池中 V^{2+}/V^{3+} 反应电对和 VO_2^+/VO^{2+} 反应电对均表现出优异的电催化活性和反应可逆性。得益于石墨烯的优异性能,在 150 mA/cm^2 的高电流密度下,装配该复合电极的全钒液流电池能量效率相比于原始石墨毡提高了近 20%,且放电容量提高了 300%[67]。

但是,在氧化石墨烯还原成石墨烯的过程中,传统的水热法制备石墨烯方法因片层间 π-π 电子的强相互作用及片层间范德华力的作用,导致石墨烯发生团聚现象,其比表面积、负载能力及电子迁移率大幅下降,进而影响到石墨烯的性质和应用。为了解决石墨烯存在的表面惰性和团聚问题,本书将石墨烯堆叠成三维(3D)结构以形成 3D rGO。3D rGO 具有更高的比表面积、高电导率、高孔隙率、更多的电子/离子、更多的气体以及液体传输及存储空间[68-71]。通过氮化处理方法能够进一步提高 3D 石墨烯的电化学活性。研究表明,利用有机胺类、吡咯等作为氨源,能够合成 3D 氮掺杂的 rGO 并有效提升超级电容性能。付(S. Fu)等人已经成功制备了 3D 氮掺杂还原氧化石墨烯/碳纳米管为催化剂的复合电极,利用碳纳米管和 3D 氮掺杂还原氧化石墨烯的协同效应,研究其对全钒液流电池 VO^{2+}/VO_2^+ 电对反应的催化活性的影响。研究结果表明,该复合电极对正极反应的催化活性显著增强[67]。当复合电极中碳纳米管的负载量为 2 mg/mL 时,复合电极具有最佳的催化活性和电化学稳定性,从而显著提升全钒液流电池的性能。

1.3.5 全钒液流电池电极材料表征方法

(1) 电镜(SEM)扫描。扫描电子显微镜测试是材料形貌表征的常用测试手段之一。通过向样品表面发射电子束,收集分析样品表面产生的激发信号,从而获得样品表面的相关信息。二次电子作为众多激发信号中的一种,其强度随样品表面形貌的变化而变化,通过二次电子成像,获得样品表面形貌图像,从而可分析样品形貌。

(2) 傅里叶红外光谱(FR-IR)分析。傅里叶红外光谱仪常用于分析材料表面的官能团。通过光谱发生器向样品表面发射红外光谱,得到样品表面相关信息的红外干涉光。通过傅里叶变换,将红外干涉光信息进行转换,得到样品透射率或吸收率的红外光谱信息。在红外光谱中,不同的官能团对应不同的特征吸收峰,从而可以对样品表面的分子结构和官能团类型进行定性分析和判断。

(3) X 射线光电子能谱(XPS)分析。X 射线光电子能谱分析基于光电效应,通过 X 射线光电子仪发射单色射线照射样品表面,激发样品中的原子或分子中的电子,获得样品表面激发出的信号,获得相应激发电子的能量分布图,通过与不同元素的离子或者分子电子能量激发分布图相对比，分析和确定样品中含有的元素种类以及相应元素的结合状态[72]。

（4）X 射线衍射（XRD）分析。X 射线衍射仪基于利用 X 射线在样品表面发生的衍射原理，从而获取样品内部的结构特征。当 X 射线在样品表面发生衍射现象时，记录获取的 X 射线衍射峰位置和衍射峰强度，再结合布拉格公式：$2d\sin\theta=n\lambda$（其中 n 为反射级数，λ 为 X 射线波长，θ 为入射 X 射线与晶面之间的夹角），分析出样品晶面间距、晶体结构和晶体类型等重要信息[73]。

1.4 本书的研究内容

十九大以来，美丽中国的建设作为未来的重要发展目标之一，为可再生能源的发展提供了重要契机。发展可再生能源是保障能源安全、改善能源结构、推进美丽中国建设的重要任务。可再生能源的发展需要配套的储能装备，以保证可再生能源的存储及稳定输出使用。全钒液流电池（VRB）作为大规模储能的主要装置之一，已被广泛应用于风能发电储能和光伏发电储能等清洁能源领域。

尽管全钒液流电池具有稳定性高、使用寿命长、安全稳定性高、绿色无污染等优点，但是仍然存在着功率密度低的问题。功率密度低的原因在于全钒液流电池在高电流密度下电池极化过高。全钒液流电池电极材料的选择对电池的极化起到关键作用，进而对电池的整体性能有重要影响。电极电化学活性低，导致电化学极化过大，使得全钒液流电池的电极反应速率慢、充电时间长以及电池能量密度低，是限制全钒液流电池在储能领域推广应用的主要原因之一。因此，解决全钒液流电池电化学活性低的问题，研究全钒液流电池在具有催化性能的电极作用下的电化学反应机理对全钒液流电池的整体性能提高和实际商业推广应用具有重要意义。

本书的研究经费主要源自国家自然科学基金项目（51476107）、辽宁省教育厅项目（LZ2015062）和辽宁省自然科学基金项目（2015020627）。本书主要研究分析了氮掺杂石墨烯/石墨毡电极的电化学性能，分析不同还原剂还原获得的三维还原氧化石墨烯在全钒液流电池正极电解液中电化学性能和羟基碳纳米管修饰石墨毡电极的电化学性能，具体内容如下：

（1）采用冷冻干燥和水热法相结合的方法，制备出氮掺杂石墨烯/石墨毡复合电极。采用扫描电镜观察氮掺杂石墨烯/石墨毡的表面形貌，采用 XPS 技术分析氮元素的掺杂状态，通过比表面积及孔隙分析仪确定复合电极的比表面积。通过循环伏安法和电化学阻抗谱法分析复合电极的性能。采用充放电及循环充放电实验对装配复合电极的全钒液流电池进行性能分析。分别制备不同温度下处理的氮掺杂石墨烯/石墨毡复合电极，分析不同热处理温度对电极性能的影响。最终确定复合电极对电池性能提升的原因，探明复合电极对促进全钒液流电池正极反应的作用机理。

（2）采用改进的Hummers法制备氧化石墨烯溶液，将模压法和冷冻干燥技术相结合，制得特定几何形状的氧化石墨烯样品，并分别采用不同还原剂对氧化石墨烯进行还原，制备获得石墨烯气凝胶电极。通过SEM观察氧化石墨烯和石墨烯气凝胶电极的表面形貌；利用FT-IR测试分析氧化石墨烯气凝胶还原前后的表面官能团的变化；采用XRD测试分析氧化石墨烯气凝胶还原前后的晶面间距的变化。采用电化学阻抗谱实验和循环伏安特性实验测试不同还原剂还原的石墨烯气凝胶电极在全钒液流正极反应中的电化学性能，并对比分析不同还原剂还原的石墨烯气凝胶电极之间的性能差异。

（3）分别制备以多壁碳纳米管（MWCNTs）和羟基多壁碳纳米管（Hydroxyl MWCNTs）作为催化剂的复合电极。对制备的复合电极进行扫描电子显微镜、电导率、比表面积、FT-IR测试、XPS测试、吸附性测试、循环伏安测试，分析复合电极的表面形貌、导电性、表面官能团、表面元素状态、对钒离子的吸附性以及正极反应的催化活性和电化学反应可逆性的影响。对比分析原始石墨毡、MWCNTs修饰石墨毡和Hydroxyl MWCNTs修饰石墨毡各项参数，研究Hydroxyl MWCNTs在正极反应过程中的催化机理，分析全钒液流电池性能影响因素。

第2章　实验部分

实验部分主要包括三部分内容:氮掺杂还原氧化石墨烯/石墨毡(N-rGO/GF)复合电极的制备与表征测试、石墨烯气凝胶电极的制备与表征测试和羟基修饰的多壁碳纳米管(Hydroxyl MWCNTs)复合电极的制备与表征测试。其中,预实验部分包括石墨毡的清洗、氧化石墨烯的制备、全钒液流电池测试平台的搭建。

2.1　实验准备

2.1.1　实验材料

本书所涉及的实验材料如表2-1所示。

表2-1　实验所用材料

名称	生产厂家	规格
聚丙烯腈石墨毡	湖南九华碳素高科有限公司	5 mm
硫酸氧钒晶体	国药集团化学试剂有限公司	分析纯
浓硫酸	国药集团化学试剂有限公司	分析纯
氮气	国药集团化学试剂有限公司	99.5%
鳞片石墨	南京吉仓纳米科技有限公司	325目
浓硫酸	国药集团化学试剂有限公司	分析纯
高锰酸钾	国药集团化学试剂有限公司	分析纯
过二硫酸钾	国药集团化学试剂有限公司	分析纯
五氧化二磷	国药集团化学试剂有限公司	分析纯
过氧化氢	国药集团化学试剂有限公司	分析纯
盐酸	国药集团化学试剂有限公司	分析纯
羟基修饰多壁碳纳米管	国药集团化学试剂有限公司	分析纯

2.1.2　实验仪器

本书所涉及的仪器如表 2-2 所示。

表 2-2　实验所用仪器

名　称	生产厂家	型号
真空管式炉	天津泰斯特仪器有限公司	TF12T80S
超声清洗器	昆山市超声仪器有限公司	KQ-400KDB
真空干燥箱	上海龙跃仪器设备有限公司	DEF-6050
电化学工作站	阿美特克(AMETEK)公司	PARSTAT 4000+
电子天平	梅特勒-托利多(Mettler Toledo)仪器上海有限公司	PL602E
冷场发射扫描电子显微镜	日本日立公司	S-4800
傅里叶变换红外光谱仪	赛默飞世尔科技(Thermo Fisher Scientific)公司	IS50 型
X 射线光电子能谱仪	赛默飞世尔科技(Thermo Fisher Scientific)公司	250XI 型
磁力搅拌器	艾卡(IKA)仪器公司	C-MAGHS10
真空抽滤机	温岭市挺威真空设备有限公司	ZTW-1C
冷冻干燥机	宁波新芝生物科技股份有限公司	SCIENTZ-10ND
X 射线衍射仪	岛津(SHIMADZU)公司	XRD-7000S

2.1.3　石墨毡的预处理

将石墨毡切成 1 mm×1 mm 大小,分别用乙醇、去离子水冲洗三遍。将石墨毡浸入去离子水中,进行超声清洗 30 min。取出超声清洗后的石墨毡,用去离子水冲洗,将洗净的样品放入 60 ℃的烘箱中干燥 24 h,从而去除石墨毡表面的杂质对实验的影响。

2.1.4　氧化石墨烯的制备

在鳞片石墨微观结构中,碳原子的排列呈蜂窝结构,碳原子以 sp^2 杂化的形式存在。各层石墨片层以范德华力相互作用,形成稳定的多层结构,最终形成鳞片石墨。采用改进的 Hummers 法先进行鳞片石墨的预氧化,在石墨片层的层状结构之间插入部分含氧基团,使得碳原子片层之间的间距增大。进一步加入多种强氧化剂,在鳞片石墨层之间引入大量含氧官能团,使得鳞片石墨各片层之间的距离进一步增大,得到氧化石墨。再对获得的氧化石墨进行超声处理,克服已经氧化的石墨片层之间存在的较弱的范德华力,从而实现氧化石墨片层之间的分离,最终获取单层或者多层结构的氧化石墨烯。

图 2-1 是为制备氧化石墨烯而搭建的装置，主要由圆底烧瓶、分液漏斗、磁力搅拌器、三角夹具组成。本实验采用改进的 Hummers 法，以进口鳞片石墨为原材料制备氧化石墨烯。氧化石墨烯的制备过程分为石墨预氧化阶段、氧化阶段和分离阶段三个阶段。

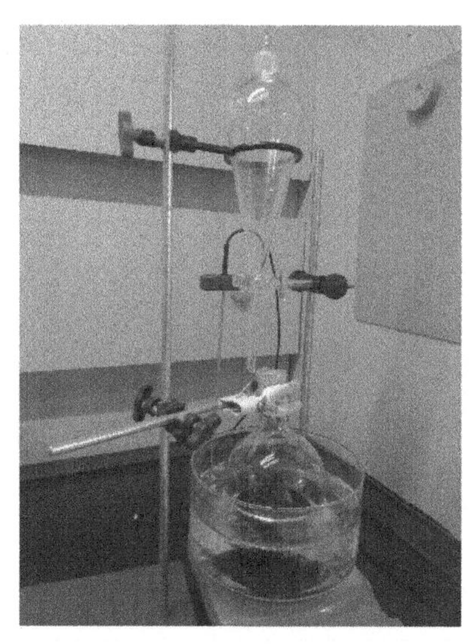

图 2-1　氧化石墨烯合成装置

第一阶段为石墨预氧化阶段：首先将鳞片石墨（3 g）、浓硫酸（48 mL，98%）、过二硫酸钾（3 g）和五氧化二磷（3 g）依次加入 1 000 mL 的圆底烧瓶中，并进行充分的磁力搅拌。在磁力搅拌 30 min 后，将烧瓶移至 80 ℃ 的水浴锅内，恒温保持 360 min 以进行充分的预氧化。从水浴锅中取出烧瓶，待烧瓶冷却至室温，再缓慢加入冰水，将获得的预氧化产物稀释至 500 mL。采用真空抽滤的方法将反应物质分离，将抽滤后的固体用去离子水清洗 3 ~ 4 次，得到预氧化石墨。将预氧化石墨放入 60 ℃ 恒温真空干燥箱内烘干处理 24 h。

第二阶段为氧化阶段：将 100 mL 的浓硫酸加入 1 000 mL 的圆底烧瓶中，再加入预先制备的预氧化石墨，将硫酸与预氧化石墨的混合物保持在 0 ℃ 的冰浴条件下，再缓慢加入 9 g 高锰酸钾并进行充分的磁力搅拌混合。再将混合物水浴加热至 35 ℃ 并保持 4 h，溶液颜色呈墨绿色。

第三阶段为分离阶段：将反应后的混合液冷却至室温，加入 500 mL 冰水进行稀释，通过分液漏斗逐滴滴加过氧化氢（20 mL，30%），直至混合溶液中不再产生气泡，最终混合溶液呈亮黄色。获得的混合溶液仍然呈强酸性。将混合溶液静置

12 h,溶液出现分层,倒去上清液,再加入去离子水至 1 000 mL。将上述过程重复 3 ~ 4次,充分取出氧化石墨中的酸性物质。最后通过离心机分离的方法获取制备的氧化石墨。再将分离出的氧化石墨装入透析袋中,在去离子水中进行长时间的透析,直至氧化石墨溶液呈中性。将氧化石墨进行超声分散,最终获得氧化石墨烯溶液。根据需要,通过浓缩或者稀释的方法,获得对应浓度的氧化石墨烯溶液。

2.2　电极材料表征分析方法

实验制备的复合电极需要通过各类材料表征测试方法以表征其表面形貌、表面基团状况、表面元素状态、比表面积、电导率等材料特性。所涉及的表征分析方法包括扫描电子显微镜(SEM)扫描、傅里叶变换红外光谱(FT-IR)分析、X 射线衍射分析(XPS)、BET 比表面积测试和四探针电导率测试。

(1) SEM 表征。首先将待测样品制成适当大小的样品,并进行充分干燥。用导电胶将样品固定在样品台上,采用 S-4800 型冷场发射扫描电子显微镜观察处理前后的电极表面形貌变化。

(2) FT-IR 表征。将处理前后的复合电极进行恒温干燥,分别取适量的复合电极样品与适量的 KBr 一起碾碎,压制成薄片,进而分析处理前后的复合电极表面官能团种类的变化。FT-IR 表征采用赛默飞 IS50 型傅里叶变换红外光谱仪,测试条件为室温,测试扫描范围为 400 ~ 4 000 cm^{-1}。

(3) XPS 表征。将待测试的复合电极制成尺寸大小为 10 mm×10 mm 的待测样品,要求待测样品厚度不超过 2 mm。待测样品的表面元素组成和元素状态采用 XPS 进行表征测试。测试以 Al 作靶源,分析模式选择 CAE,设置带通能量为 20.0 eV,选择能量步长为 0.05 eV。

(4) BET 比表面积测试。采用 Micromeritics TriStar Ⅱ 3020 进行复合电极的 BET 比表面积测试。将待测样品剪成细小的块状,放入细长结构的测试玻璃管(玻璃管在测试之前需要进行清洗和干燥处理,以排除杂质及水分对测试结果的影响),并进行真空预处理。对预处理前后的样品进行称重,计算预处理后的样品质量。再采用比表面及孔隙率分析测试仪对复合电极的比表面积进行测试。

(5) 四探针电导率测试。采用广州四探针电导率测试仪对处理前后的电极电导率进行测试。待测样品经过充分的清洗与干燥,放置于电导率仪测试平台。将测试用探针与待测样品表面充分接触,设备可自动测试待测样品的电导率。通过测试电极表面不同位置的电导率数值,取平均值作为电极电导率值。

2.3 电极电化学性能测试方法

(1) 循环伏安法。循环伏安法作为一种常用的电极电化学性能测试方法,可用于测试电极的电化学活性和电化学可逆性。在循环伏安曲线测试过程中,通过施加一个周期性的等腰三角形脉冲电压(图 2-2),待测电极上会产生响应电流。记录测试获得的电压值和对应的电流值,绘制电流-电压关系曲线,即为循环伏安特性曲线。

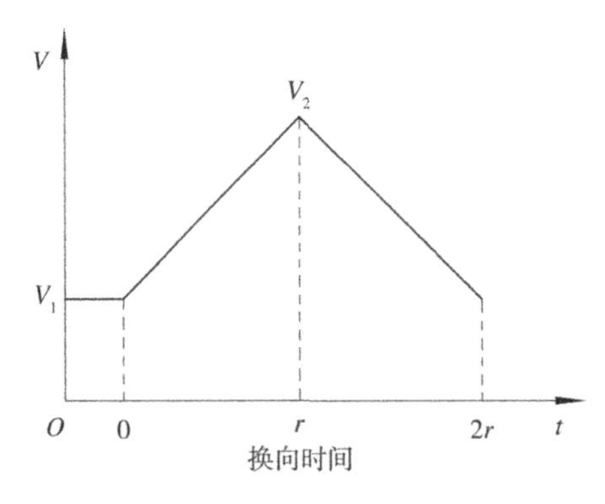

图 2-2 三角形脉冲电压

当施加的电压沿阳极方向扫描时,活性物质在电极表面失去电子,活性物质转变为氧化态,产生正向电流。在电极表面的还原态反应物不断消耗的过程中,氧化电流逐渐增大至最大值,待还原态反应物耗尽,电流值开始逐渐降低,电流峰值即为氧化峰电流 i_{pa},对应的峰电位为阳极峰电位 E_{pa};反之,当电压沿着相反方向进行扫描时,氧化态活性物质在电极表面得到电子,发生还原反应,氧化态不断消耗,在此氧化态向还原态转变的过程中发生电荷转移,从而形成还原电流。当电极表面的氧化态活性物质不断消耗时,还原峰电流逐渐增加至最大值,之后便开始逐渐降低,电流峰值即为还原峰电流 i_{pc},对应的峰电位为阴极峰电位 E_{pc}。研究表明氧化还原峰值电流的大小与电化学反应的速率和电压扫描速度紧密相关。此外,氧化还原峰值电流还与活性物质在电解液中的扩散速率有关。在实际实验中,同样的电压扫描速度条件下,峰电流数值越大,表明体系具有更高的电化学反应速率,说明电极的电化学活性提升;峰电流比值 i_{pa}/i_{pc} 通常用于表征电极电化学反应的可逆性,i_{pa}/i_{pc} 越接近 1,峰电位差 ΔE_p($E_{pa}-E_{pc}$)越小,表明电极具有高的电化学反应可逆性,从而判断制备的复合电极催化性能的强弱。

(2) 电极电化学性能测试分别以铂电极作为对电极,制备的复合电极为工作电极，饱和甘汞电极为参比电极，构建三电极系统。构建的三电极体系用于对制备的复合电极进行循环伏安特性（CV）和电化学阻抗谱（EIS）测试。测试采用的电解液为0.1 mol/L $VOSO_4$+2.0 mol/L H_2SO_4溶液，测试采用的电压扫描范围为0～1.6 V。

（3）电池整体充、放电性能实验。电池的各效率值是衡量电池性能的重要指标。通过对装配复合电极的电池进行效率值测试以判断电极对电池整体性能的影响。不同工艺条件下制备的电极性能之间存在较大差异，具有不同的过电势，从而对全钒液流电池的效率产生影响。根据伏安特性曲线，可以获取电池电压损失情况，包括电化学极化损失、欧姆极化损失和浓差极化损失，从而可以分析出电极特性。

根据搭建的全钒液流电池性能测试平台，测得装配不同复合电极的全钒液流电池充放电曲线，计算对应的电池各效率值，进而分析各复合电极对全钒液流电池性能表现的影响。全钒液流电池的效率主要包括电流效率、电压效率和能量效率。各效率的计算公式如下：

电流效率：
$$E_c = \frac{\int I_{放电} dt}{\int I_{充电} dt} \tag{2.1}$$

电压效率：
$$E_v = \frac{\int U_{放电} dt}{\int U_{充电} dt} \tag{2.2}$$

能量效率：
$$E_e = \frac{\int U_{放电} I_{放电} dt}{\int U_{充电} I_{充电} dt} \tag{2.3}$$

式中　U——电压；

I——电流；

t——时间。

在全钒液流电池的充放电过程中，其充放电效率受到电化学极化损失、欧姆极化损失和浓差极化损失等多种因素的影响。造成电压损失的主导因素因不同电流密度条件而不同。当电流密度较低时，电化学极化损失是造成电池电压损失的主要因素。在高电流密度条件下，浓差极化损失在电压损失中占据主导因素。通过伏安特性曲线，可以分析出电池在特定电流密度下的主要电压损失形式，进而可对电极材料性能进行分析。

2.4 全钒液流电池的组装与分析测试

全钒液流电池性能测试装置如图 2-3 所示。测试装置主要包括硬件系统和软件系统两部分。其中硬件部分主要包括 PWX1500L 宽量程可变开关充电电源、PLZ664WA 电子负载装置、KFM2150 电池检测监测器。软件部分包括测试条件设置软件 FC Tester Condition Editor 和执行软件 FC Tester Executive。全钒液流电池由外部的储液罐、液体管道、蠕动泵和全钒液流单体电池组成。全钒液流单体电池又包括集流板(通常为铜板)、流场板、电极框、密封垫圈、电极、有机/无机电解液和质子交换膜。全钒液流电池性能测试系统主要用于测试单体电池的充电曲线、放电曲线、放电过程中的交流阻抗曲线和伏安特性曲线等。

实验需要组装几种不同的全钒液流电池,包括配置不同类型复合电极的液流电池。实验可测得全钒液流电池的 EIS 图谱和充放电曲线。根据获得的 EIS 图谱进行等效电路法拟合,获得全钒液流电池各个部分对应的阻抗特性。研究不同复合电极结构和成分对电荷传输阻抗、质量传输阻抗以及界面双电层电容的影响。通过充放电曲线获得电池的充放电效率,计算复合正极作用下的电池电压效率、电流效率和能量效率,确定复合正极对电池效率的影响。通过实验分析获得电极成分和电极结构对液流电池充放电效率和交流阻抗分布的影响,选取使全钒液流电池整体性能最佳的电极成分和结构参数。

全钒液流电池性能测试装置的控制原理图如图 2-4 所示。在充电阶段,电池同电源、负载和电压电流监测设备相连接。在放电阶段,电池仅同负载和电压电流监测设备连接。因此,在充电和放电阶段,控制电路的连接方式不同。电池充放电过程主要通过控制开关 SW1 、SW2 的控制,实现充电和放电过程的切换。在充电过程中,开关 SW1 处于闭合状态,开关 SW2 处于断开状态,充电电源对电池进行充电。充电电源以恒定电流对全钒液流单体电池进行充电,使得电解液中的活性物质在电极界面上发生电化学反应。此时,电池监测系统对电池的电压和电流状态进行监控,并将测得的电压、电流以及对应的时间等参数记录到计算机中。根据实验需要,可灵活调节全钒液流电池的充放电电流密度。测试过程中,储液罐中的电解液在蠕动泵的作用下以恒定流速在全钒液流电池单体内循环流动。在充电电路中,配置一个二极管,利用二极管的单向导电性质,对充电电路起保护作用,避免因线路反接而导致的安全事故。在放电过程中,充电电源保持关闭状态,需要断开开关 SW1,并闭合开关 SW2,此时全钒液流单体电池开始放电。在放电过程中,电解液中的钒溶液(五价钒离子和二价钒离子)在电极界面发生电化学反应,外电路形成放电电流。电流电压检测设备仍处于运行状态,用于检测放电过程中的电池

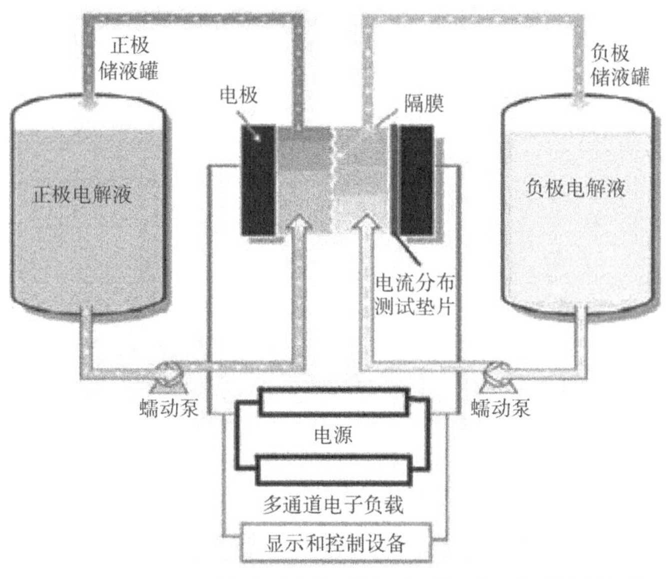

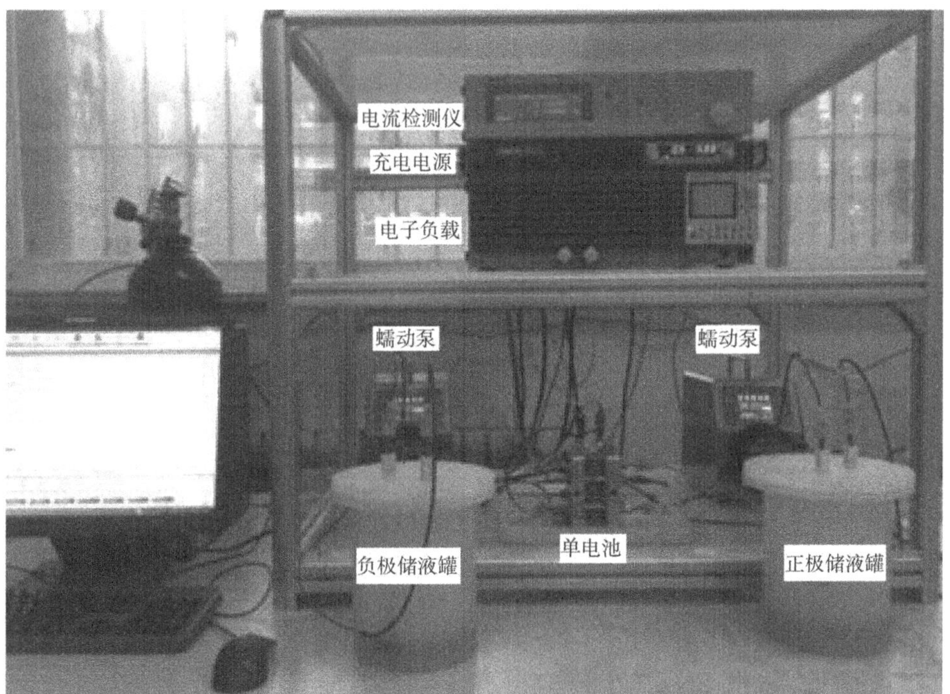

图 2-3　全钒液流电池整体性能实验装置

电压、电流和时间等参数，并将参数记录到计算机。记录的电池充放电过程中的各数据可用于后期的电池性能分析。

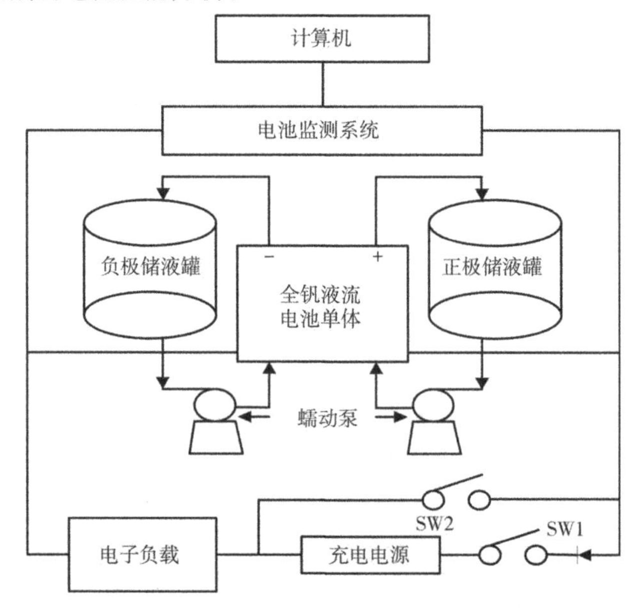

图 2-4　电池性能测试装置控制原理图

在全钒液流电池性能测试实验中，全钒液流电池单体是测试装置中最为重要的组成部分。全钒液流单体电池由质子交换膜、电极框、电极、流场板、集流板、绝缘垫圈等组成，以质子交换膜为中心呈对称结构。全钒液流单体电池的各材料参数如表 2-3 所示。

表 2-3　实验所用材料规格

实验材料	厚度/mm
石墨毡	5
流场板	10
电极框	5
质子交换膜	0.117
垫片	0.8
集流板	1.4

图 2-5 为装配完整的全钒液流单体电池。为了确保电池成功组装，避免可能存在的电解液泄漏问题，电池单体按照铝制夹具、集流板、流场板、绝缘垫圈、电极

框、电极材料、绝缘垫圈、质子交换膜、绝缘垫圈、电极材料、电极框、绝缘垫圈、流场板、集流板、铝制夹具的顺序进行组装,并用螺栓固定各零部件(采用扭矩扳手将各螺栓拧紧)。在拧紧螺栓过程中,要求按照特定的顺序(对角顺序)逐步拧紧,确保电池单体受力均匀,防止各组件在实验过程中发生移位或者脱落现象。

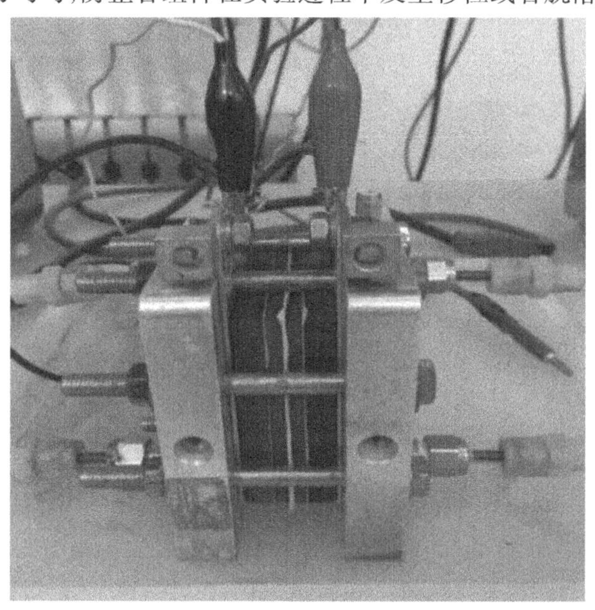

图 2-5　全钒液流单体电池

为保证全钒液流电池性能实验安全稳定地进行,获得精确的实验数据,具体的测试实验步骤如下:首先,将实验所需的石墨毡电极进行预处理以备用。裁剪出合适大小的质子交换膜,以去离子水清洗质子交换膜、垫圈、电极框、流场板,再进行干燥;其次,利用扭矩扳手将电极、流场板、电极框、质子交换膜、集流板和垫圈等组装成单体电池。在电池组装过程中,采用对称原则拧紧螺栓,以阶梯式施加预紧力至预定值。再连接好导管、储液罐与蠕动泵;接着,设置蠕动泵参数(流速和转动方向),在储液罐内装入适量去离子水,用于清洗电池的管路和电池内部结构。在清洗的时候,注意观察管路是否正确连接、有无漏液或者阻液情况发生,确保装置能正常安全稳定运行;更换蠕动泵转动方向,排出去离子水,在正负极储液罐中分别装入等量的正负极电解液,开启蠕动泵并调整蠕动泵转速,使电解液以较高的流速流经整个电极区域,以提高实验的准确性。将 PWX1500L 宽量程可变开关充电电源与电池连接,在控制模块中选择恒电流模式(CC)对电池进行充电,并在控制软件中设置充电电流密度的大小。设置充电截止电压为 1.65 V,当电池的充电电压达到 1.65 V 时，立即停止充电，关闭电源，结束全钒液流电池充电实验。

充电完成后，切换开关，在控制软件中设定放电电流密度值，选择恒流模式（CC）对全钒液流电池进行放电实验。当电压到 0.8 V 时，停止放电，完成放电实验。

全钒液流电池充放电实验结束后，保存相关测试数据并关闭测试执行软件，将获取的充放电数据进行汇总以方便后期数据分析；更改蠕动泵旋转方向，将实验后的电解液抽回至储液罐内，再倒入废液桶。之后在储液罐内倒入去离子水，用去离子水清洗装置 3 ~ 5 次，并将每次清理后的液体倒入废液桶，由专业回收处理机构进行废液处理；最后，拆卸单体电池，对相关部件进行充分的清洗和干燥，关闭计算机并切断电源。

第3章 氮掺杂石墨烯/石墨毡电极的研究

3.1 引言

氮掺杂还原氧化石墨烯(N-rGO)因其高比表面积、高电导率和高催化活性等特点,已经作为催化剂应用于电化学领域。但是关于 N-rGO 在全钒液流电池领域的应用仍然研究较少。此外,常用的 N-rGO 容易在合成过程中出现石墨烯片层之间的团聚,导致反应表面积大幅降低,不利于石墨烯催化性能的充分利用。本章将冷冻干燥技术和高温热解技术相结合制备 N-rGO 作为电极催化剂,研究获取的复合电极的性能,期望获取高电化学性能的全钒液流电池电极材料。

3.2 氮掺杂石墨烯/石墨毡电极的制备

实验采用冷冻干燥和高温热解相结合的方法制备 N-rGO/石墨毡复合电极。首先,将制备的氧化石墨烯溶液冷冻干燥,再称取一定质量的冷冻干燥后的氧化石墨烯,配置浓度为 10 mg/mL 的氧化石墨烯溶液。将尿素加入配制的氧化石墨烯溶液中,尿素与氧化石墨烯的质量比为 10∶1。将洗净的石墨毡浸入到尿素与氧化石墨烯的混合溶液中,磁力搅拌 2 h 以确保充分浸泡。取出浸泡后的石墨毡电极,并立即在-50 ℃条件下冷冻干燥 24 h。将冷冻干燥后的样品放入管式炉内进行高温热解。热解过程中以氮气作为保护气体,样品在管式炉内分别进行500 ℃、700 ℃和 900 ℃的热处理,处理时间均为 5 h。获取的复合电极分别命名为 N-rGO-500/GF,N-rGO-700/GF 和 N-rGO-900/GF。制备流程如图 3-1 所示。

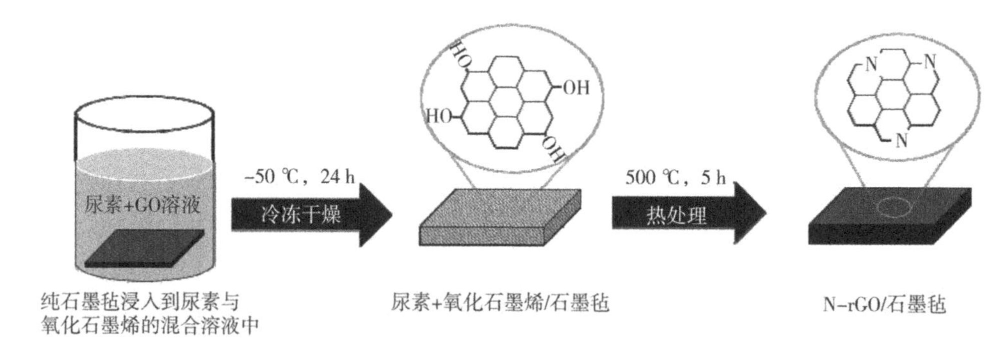

图 3-1　氮掺杂还原氧化石墨烯/石墨毡电极的加工流程图

3.3　结果与讨论

3.3.1　石墨烯的表征分析

为了确保实验方法的可靠性,先对合成的 rGO 进行表征测试。在此基础上进一步对 rGO 进行氮掺杂以获得 N-rGO。通过 Raman 光谱和 XRD 测试表征热还原方法合成的 rGO。图 3-2 为石墨、GO 以及 rGO 的 Raman 光谱图。石墨的 Raman 光谱在 1 581.9 cm^{-1}出现较强的 G 峰。G 峰的形成源自碳环或长链中的 sp^2杂化原子对的拉伸运动,G 峰的存在表明石墨结构完整有序。而 D 峰位置通常位于 1 300 ~ 1 400 cm^{-1}附近,源于芳香环中 sp^2碳原子的对称伸缩振动(径向呼吸模式)。因此,在材料表征中,通常根据 D 峰的强度来衡量材料结构的无序度。根据图 3-2,石墨经氧化后在 1 349 cm^{-1}位置出现一个增强的 D 峰,该峰的形成是由于石墨片层结构中 C ═C 双键在氧化后遭到破坏,表明石墨氧化成氧化石墨烯后,材料的结构无序度增加。石墨经氧化成氧化石墨烯后,氧化石墨烯结构中出现 sp^3杂化。此外,氧化后,G 峰的峰宽变宽,进一步表明氧化后氧化石墨烯的结构无序度增加。rGO 在 1 350 cm^{-1}与 1 589 cm^{-1}处出现 D 峰与 G 峰,并且 $I(D)/I(G)$的值进一步增大;部分 sp^3杂化转为 sp^2杂化;D 峰的增强表明材料结构内缺陷的增加,可能由于在氧化石墨烯还原过程中,—OH、—COOH 等含氧基团的消失引起局部化学键的断裂,从而导致材料内部缺陷增多。高温热解还原获得样品的拉曼光谱与文献中报道的水合肼还原制备的石墨烯拉曼光谱近似,表明采用高温热解还原方法同样能够获得还原氧化石墨烯。还原氧化石墨烯、氧化石墨和石墨的 XRD 图谱如图 3-3 所示。

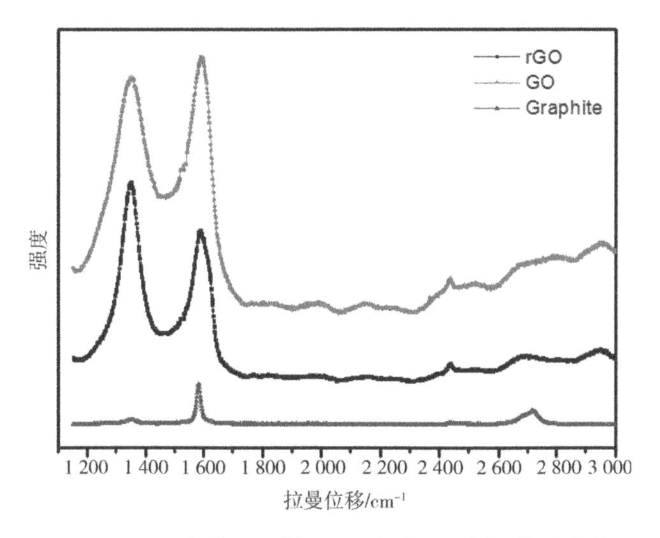

图 3-2　石墨、氧化石墨烯和还原氧化石墨烯的拉曼光谱

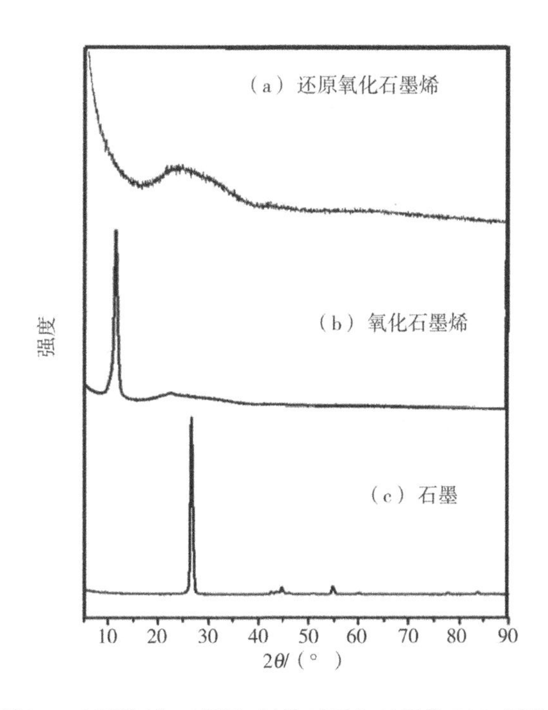

图 3-3　还原氧化石墨烯、氧化石墨和石墨的 XRD 图谱

3.3.2 复合电极的表面形貌分析

通过扫面电镜获取不同温度热处理后的复合电极表面形貌如图3-4所示，N-rGO已经成功吸附于石墨毡电极表面，且没有明显的团聚现象发生。研究结果表明，通过冷冻干燥和高温热解相结合的方法，可以解决石墨烯团聚的问题并获得均匀分布的N-rGO/GF复合电极。

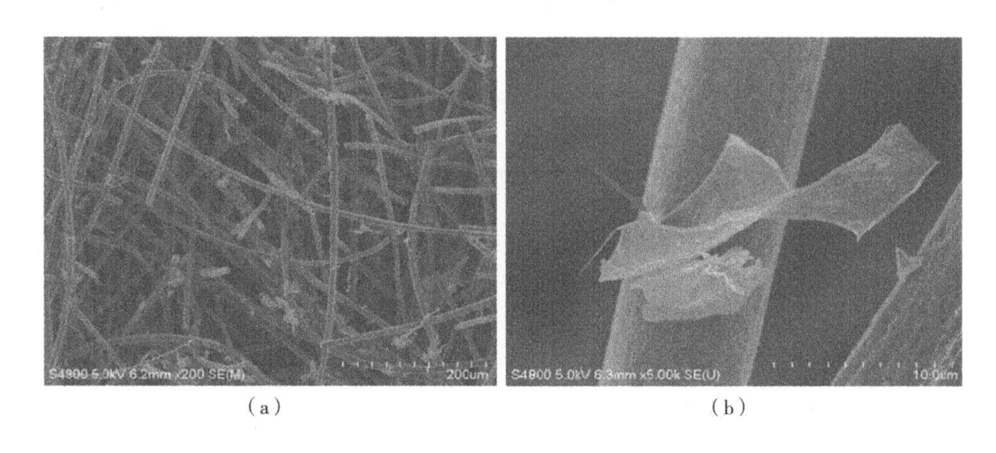

(a) (b)

(a) N-rGO修饰的GF复合电极的表面形貌；
(b) N-rGO在GF电极表面的吸附，红色箭头指向吸附的N-rGO。
图3-4 复合电极的表面形貌

3.3.3 复合电极的表面成分分析

N-rGO修饰GF的主要元素组成和元素状态通过XPS进行测试，如图3-5所示。XPS图谱中具有明显的N衍射峰，表明以尿素作为氮源，通过冷冻干燥和高温热解的方法能够成功实现石墨毡的氮掺杂。根据表3-1，N-rGO-900/GF的N、C、O含量(原子分数)分别为3.32%，92.98%和3.70%。实验结果表明，复合电极中氮元素含量随着热解温度的增加而增加。对图3-5所示N_{1s}进行分峰处理，分为pyridinic-N(397.8 eV)，pyrrolic-N(398.5 eV)和graphitic-N(400.8 eV)。每种氮元素的相对含量如表3-2所示。根据表3-2，复合电极表面的氮结构状态主要为pyridinic-N。此外，graphitic-N的含量随着热解温度的升高而增加。

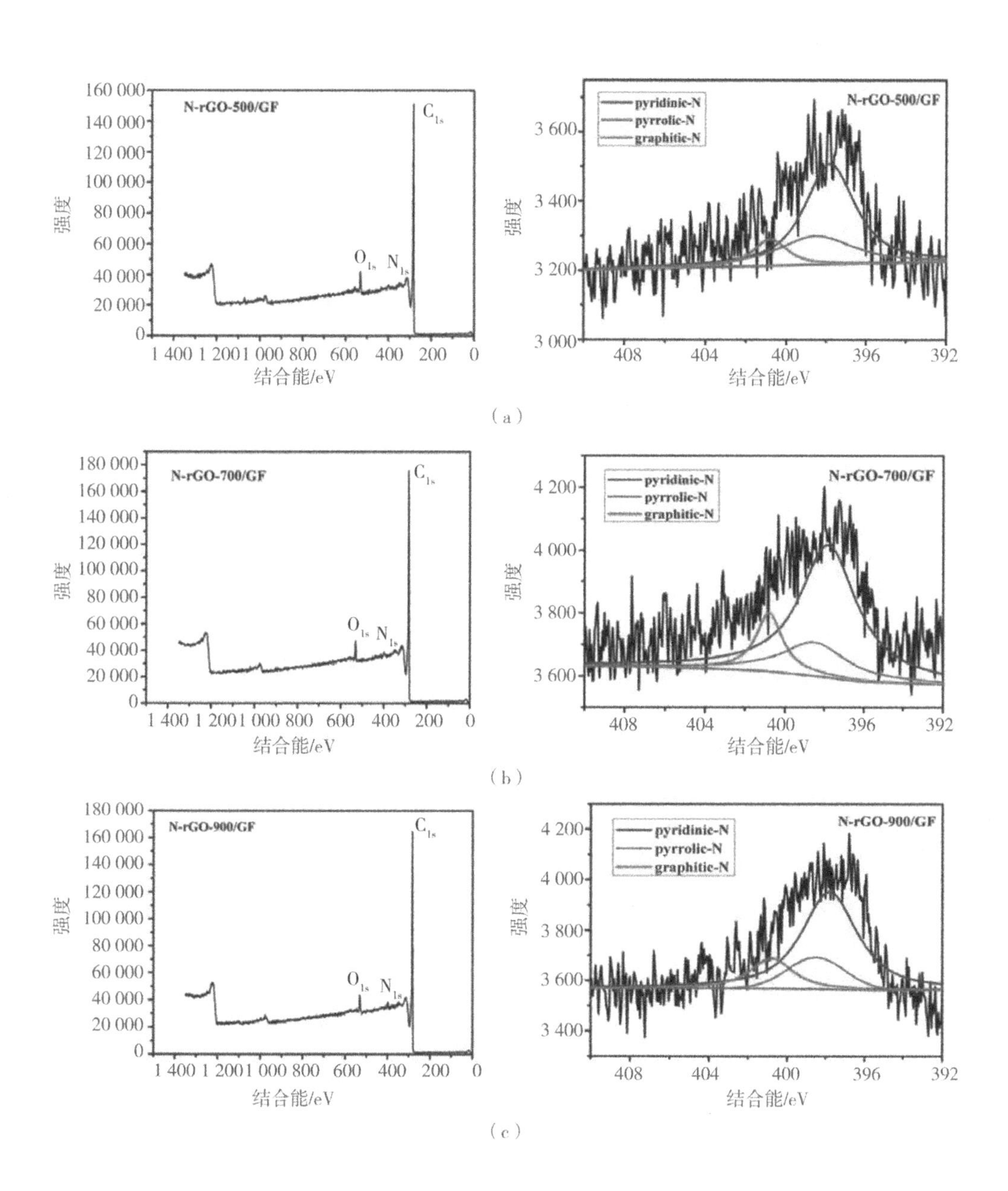

(a) N-rGO-500/GF;(b) N-rGO-700/GF;(c) N-rGO-900/GF。

图3-5　XPS图谱和N_{1s}谱的分峰

表 3-1　N-rGO 修饰石墨毡的表面元素含量 XPS 测试结果

样　品	样品浓度(原子分数)/%		
	C	O	N
N-rGO-500/GF	93.18	4.60	2.22
N-rGO-700/GF	93.72	4.16	2.11
N-rGO-900/GF	92.98	3.70	3.32

表 3-2　N-rGO 修饰电极中的 N 元素含量 XPS 测试结果

样　品	N 元素含量		
	pyridinic-N/%	pyrrolic-N/%	graphitic-N/%
N-rGO-500/GF	62.36	26.66	10.98
N-rGO-700/GF	67.38	19.07	13.55
N-rGO-900/GF	67.66	16.37	15.97

通过拉曼光谱分析可进一步研究复合电极的微结构。研究表明,通过对比拉曼光谱中的 I(D)/I(G)的比值,可知 N-rGO 修饰后的石墨毡电极和修饰前的石墨毡电极的 I(D)/I(G)比值较接近,如图 3-6 所示。但是,相比于纯石墨毡,N-rGO-500/GF 的 D 带和 G 带的宽度更宽,表明 GF 的无序度在电极修饰后增加。原因可能是由于氮掺杂的作用,使得更多的缺陷引入以及面内 sp^2 区域尺寸的降低。

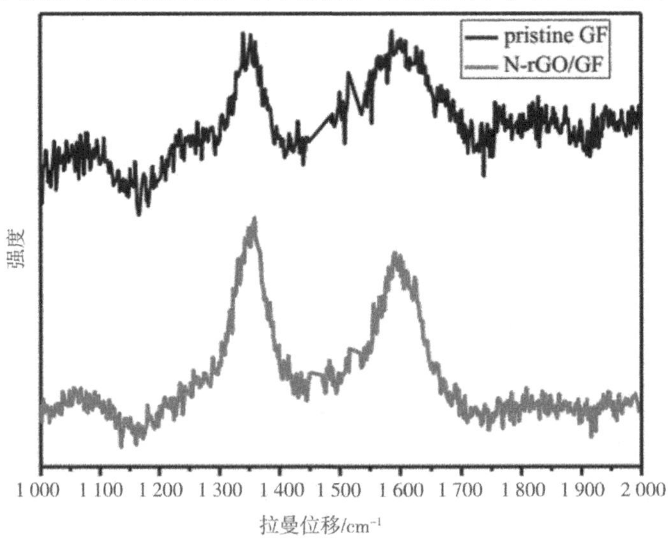

图 3-6　GF 和 N-rGO-500/GF 的拉曼光谱图

3.3.4　复合电极比表面积分析

不同热解温度下电极的表面积通过 BET 的方法测试(Micromeritics TriStar Ⅱ 3020),N-rGO修饰的 GF 表面积高于纯石墨毡(表 3-3)。结果表明,吸附的N-rGO使得电极表面积进一步增加,为钒离子反应提供更多的反应活性位点。值得注意的是,N-rGO-900/GF 表现出更高的比表面积(0.84 m^2/g),约为 GF 的 8 倍。

表 3-3　不同类型的氮掺杂还原氧化石墨烯/石墨毡电极比表面积测试结果

样品	Pristine GF	N-rGO-500/GF	N-rGO-700/GF	N-rGO-900/GF
比表面积/($m^2 \cdot g^{-1}$)	0.11	1.45	0.86	0.84

3.3.5　电极的 CV 和 EIS 表征

复合电极的电化学反应活性通过 CV 和 EIS 进行分析。CV 测试表明 N-rGO-900/GF 具有最高的氧化峰和还原峰,分别为 0.15 A 和-0.12 A,如图 3-7 和表 3-4 所示。而纯石墨毡的氧化峰和还原峰分别为 0.14 A 和-0.07 A。复合电极的氧化峰和还原峰均高于处理前的电极,表明 N-rGO-900/GF 作为催化剂能够有效提升

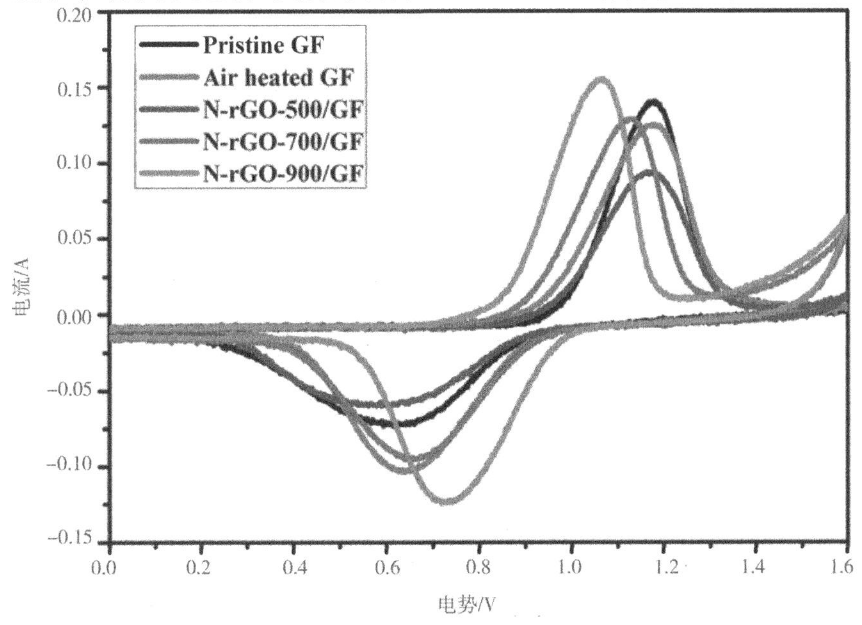

图 3-7　N-rGO 修饰 GFs 的 CV 曲线
(电压扫描速率为 5 mV/s,施加的电压范围为 0 V 至 1.6 V)

VO^{2+}/VO_2^+ 反应的动力学。

表 3-4　CV 曲线获得的不同复合电极的电化学参数

测试样品	还原峰电流密度 I_c/A	氧化峰电流密度 I_a/A	I_c/I_a	ΔE_{sep}/V
Pristine GF	−0.07	0.14	0.50	0.56
Air heated GF	−0.10	0.13	0.77	0.53
N-rGO-500/GF	−0.06	0.09	0.67	0.55
N-rGO-700/GF	−0.10	0.12	0.83	0.47
N-rGO-900/GF	−0.12	0.15	0.80	0.34

更低的 ΔE_{sep} 值表明电化学反应具有更高的电化学反应可逆性。N-rGO-900/GF 具有最低的 ΔE_{sep} 值，为 0.34 V。因此，研究结果表明，由于 N-rGO-900 对石墨毡电极的修饰，电极的电化学活性和电化学反应可逆性均提升。提升的电化学活性归因于氮掺杂引入的缺陷和含氮官能团在电极表面的引入，从而加速电极/钒离子溶液界面的电荷传输速率。

为了进一步研究提出的 N-rGO/GF 电化学性能，对复合电极进行 EIS 测试。EIS 测试在开路电压下进行，测试频率范围为 0.01 Hz 至 100 kHz。获取的各复合电极的 Nyquist（奈奎斯特）图如图 3-8 所示。N-rGO 修饰的 GF 对应的 Nyquist 图

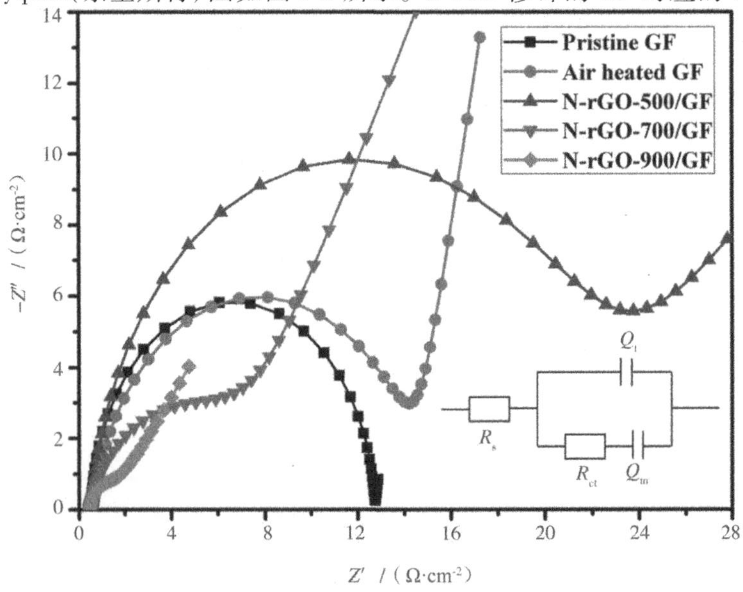

图 3-8　开路电压下的不同复合电极的 EIS 图谱和等效拟合电路

包括半圆部分和线性部分。高频的半圆部分代表电荷传输过程,低频的线性部分代表质量传输过程。结果表明 VO^{2+}/VO_2^+ 反应由电荷传输过程和质量传输过程共同控制。但是,纯石墨毡的 Nyquist 图主要由半圆形组成,表明在纯石墨毡电极作用下,VO^{2+}/VO_2^+ 反应主要由电荷传输过程控制。Nyquist 图可以通过等效电路进行拟合,如图 3-8 所示。其中,R_s 为溶液电阻,对应 Nyquist 图中实部初始值;R_{ct} 为电荷传输阻抗,代表电荷在电极和电解液界面的传输阻力。R_{ct} 的值与半圆的直径大小相等。Q_m 代表常相位单元,与复合电极内的离子传输相关。Q_t 为常相位单元,代表电极/溶液界面的双电层电容。

通过等效电路拟合后的各拟合值如表 3-5 所示。根据表 3-5,N-rGO-900/GF 的电荷传输阻抗降低至 1.14 Ω,而纯石墨毡的电荷传输阻抗为 12.21 Ω。电荷传输阻抗的大幅降低可能是由于氮掺杂的作用,引入孤对电子,使得电极的电导率提升,从而降低了 VO^{2+}/VO_2^+ 的电化学极化。

表 3-5 各复合电极的等效电路拟合值

样品	R_1/Ω	Q_t		R_2/Ω	Q_m	
		$Y_{0,1}$	n		$Y_{0,2}$	n
Pristine GF	0.53	0.001 6	0.97	12.21	15.58	0.93
Air heated GF	0.62	0.010 1	0.89	11.64	0.79	0.85
N-rGO-500/GF	0.54	0.001 7	0.93	20.78	0.12	0.49
N-rGO-700/GF	0.43	0.029 3	0.79	7.34	0.32	0.67
N-rGO-900/GF	0.47	0.020 0	0.97	1.14	0.32	0.54

3.3.6 电池性能测试

为了评估 N-rGO 修饰石墨毡对全钒液流电池性能的影响,分别以 N-rGO-900/GF、N-rGO-700/GF、N-rGO-500/GF 和空气热处理 GF 作为正极,进行全钒液流电池充放电性能测试。充放电测试在恒流条件(80 mA/cm^2)下进行。电极的厚度为 5 mm,电解液的流速为 15 mL/min。充放电曲线如图 3-9 所示。N-rGO-900/GF 表现出最高的电池性能。装配 N-rGO-900/GF 的充电电压降低,放电电压提升,从而降低了过电势。N-rGO-900/GF 的电池充电容量为 598 mA · h,放电容量为 568 mA · h。而 rGO-500/GF 电极的充电容量最低,为 510 mA · h。电流效率、电压效率和能量效率计算值如表 3-6 所示。相比于装配热空气处理或 N-rGO-700/GF 的单电池,装配 N-rGO-900/GF 的单电池表现出最高的能量效率(76.08%),其结果同 CV 和 EIS 测试的结果较一致。提升的电池性能归功于高的比表面积和高的氮掺杂水平,从而提供更多的活性位点和更高的催化活性。

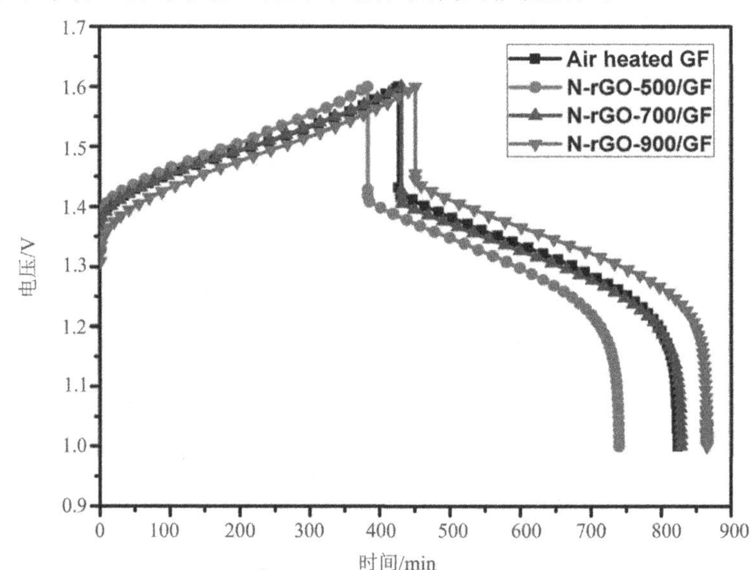

图 3-9　分别装配有空气热处理 GF、N-rGO-500/GF、N-rGO-700/GF 和 N-rGO-900/GF 电池的充放电曲线

表 3-6　装配不同复合电极的电池各效率值

样品	电流效率/%	电压效率/%	能量效率/%
Air heated GF	92.62	81.43	75.42
N-rGO-500/GF	93.07	80.98	75.37
N-rGO-700/GF	91.90	80.07	73.59
N-rGO-900/GF	92.09	82.62	76.08

3.4　本章小结

本章利用冷冻干燥和高温热解相结合的方法制备 N-rGO 修饰的石墨毡电极。由于 N-rGO 吸附提高了电极的比表面积和催化活性,使得制备的 N-rGO-900/GF 表现出优良的电化学性能。制备的 N-rGO-900/GF 的 R_{ct}值为 1.14 Ω,相比于纯石墨毡,其能量效率提升至 76.08%。冷冻干燥和高温热解相结合的方法具有较低的成本和简单的操作过程等优点,通过该方法可获得高电化学性能的 N-rGO-900/GF 复合电极。

第4章 三维还原氧化石墨烯气凝胶电极研究

4.1 引言

三维还原氧化石墨烯气凝胶具有高比表面积、高孔隙率和高电导率等特点，已经在各研究领域受到广泛的关注，如超级电容、环境保护等领域。本章以改进的Hummers法制备的氧化石墨烯，将模板法和冷冻干燥技术相结合，制备石墨烯气凝胶电极，直接应用于全钒液流电池领域。在制备过程中，采取不同的还原方法对氧化石墨烯样品进行还原，得到石墨烯气凝胶电极。采用电镜扫描（SEM）、傅里叶红外光谱技术（FT-IR）和X射线衍射技术（XRD）等表征测试方法分别研究氧化石墨烯还原前后的表面形貌、官能团和晶面间距变化情况。石墨烯气凝胶电极的电化学性能通过EIS和CV测试进行分析，研究对比不同还原方法获得的石墨烯气凝胶电极的电化学性能差异，为石墨烯气凝胶在全钒液流电池领域的推广应用提供理论指导。

4.2 三维还原氧化石墨烯气凝胶电极的制备

采用改进的Hummers法制备的氧化石墨烯，可以通过水热自组装法[74]以及3D打印法[75]制备出三维还原氧化石墨烯。在水热自组装还原过程中，氧化石墨烯片层之间受分子间相互作用力，自发组装形成三维结构。将获得的还原氧化石墨烯水凝胶立即放入干燥箱进行冷冻干燥处理，得到还原氧化石墨烯气凝胶。直接采用水热法很难得到特定尺寸结构的还原氧化石墨烯气凝胶，不利于将还原氧化石墨烯气凝胶直接作为电极应用到全钒液流电池。模板法为还原氧化石墨烯气凝胶的定型起到重要作用，能够用于制作特定尺寸的石墨烯气凝胶结构，提高石墨烯气凝胶制备的可控性。因此，本节采用模板法来实现石墨烯气凝胶的制备。

将预先制备的氧化石墨烯溶液经过透析后（溶液呈中性），放入冷冻干燥箱内进行充分的干燥。称取一定质量的干燥后的氧化石墨烯，并加去离子水配置成浓度为10 mg/mL的氧化石墨烯溶液并装入到15 mL的注射器内，然后注射到聚四氟乙烯模具(10 mm×10 mm×5 mm)中。为了研究不同还原方法对制备的石墨烯气凝胶的影响,分别采用水热法、尿素还原、多巴胺还原和氢碘酸还原方法,制备出还原氧化石墨烯气凝胶电极。

(1) 水热法还原 GO

将配置的浓度为 10 mg/mL 的氧化石墨烯溶液放入高压反应釜内,然后将高压反应釜放入恒温烘箱内保持 24 h。烘箱温度设置为 180 ℃。取出热还原后的样品,立即放入冷冻干燥箱内进行干燥。干燥温度设置为-50 ℃,干燥时间 36 h。最终得到水热法还原的三维还原氧化石墨烯气凝胶,标记为 H-rGO。

(2) 尿素还原 GO

将浓度为 10 mg/mL 的氧化石墨烯溶液与尿素混合,再将混合溶液转移至高压反应釜内。然后将高压反应釜放入恒温干燥箱内进行 95 ℃烘烤 4 h,待冷却至室温后将样品取出并立即转移至冷冻干燥箱内进行冷冻干燥 36 h,最终得到尿素还原的三维还原氧化石墨烯气凝胶,标记为 U-rGO。

(3) 多巴胺还原 GO

将浓度为 10 mg/mL 的氧化石墨烯溶液与一定量的多巴胺充分混合。再将混合溶液放置于高压反应釜中。将高压反应釜放入恒温干燥箱内进行 95 ℃ 4 h 处理。待样品冷却至室温,立即放入冷冻干燥箱内进行-50 ℃ 36 h 处理,最终得到多巴胺还原的三维还原氧化石墨烯气凝胶,标记为 DA-rGO。

(4) 氢碘酸还原 GO

将浓度为 10 mg/mL 的氧化石墨烯溶液与一定量的氢碘酸进行混合。再将混合溶液放置于高压反应釜中。将高压反应釜放入恒温干燥箱内进行 95 ℃ 4 h 处理。待样品冷却至室温,立即放入冷冻干燥箱内进行-50 ℃ 36 h 处理,最终得到氢碘酸还原的三维还原氧化石墨烯气凝胶,标记为 Ha-rGO。

将不同还原剂还原的三维还原氧化石墨烯进行材料表征分析,包括 SEM、FT-IR、XRD 等材料表征测试手段。各电极的电化学性能测试包括 EIS 表征和 CV 测试表征。电化学反应过程主要包括反应活性物质的传递、反应活性物质在电极表面的吸附与脱附、反应活性物质在电极表面的电荷转移等步骤。为区分各反应步骤对电化学反应过程的具体影响,通过电化学交流阻抗谱测试,结合等效电路法分析获取代表化学反应步骤的关键参数。

EIS 图谱测试的原理在于对电化学反应体系施加不同频率的交流电压或电流扰动,可以获得对应的阻抗数据。采用等效电路法对获取的 EIS 图谱数据进行拟合,可以拟合出电极反应过程中的各重要参数,进而根据各反应参数对电极界面电化学反应进行分析。本实验所采用的电化学阻抗谱等效电路图如图 4-1 所示。其中,R_s为测试溶液电阻;Q_t为电极界面双电层电容,R_{ct}为电荷转移电阻,W 为体系中的传质扩散电阻。

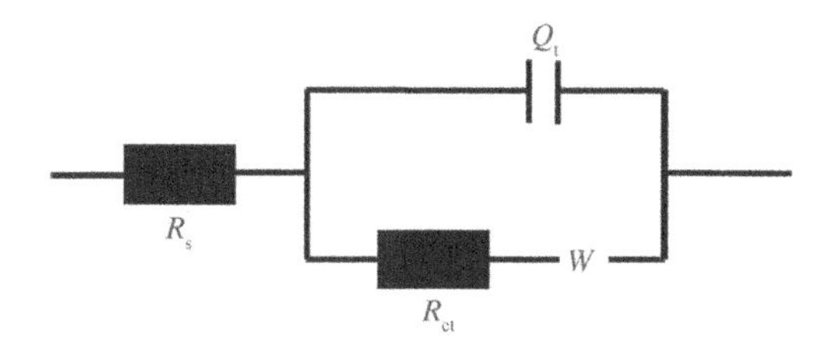

图4-1　等效模拟电路图

CV测试采用三电极体系测试,用于分析不同还原方式制备的三维还原氧化石墨烯气凝胶的电化学性能。测试体系以0.1 mol/L $VOSO_4$+2.0 mol/L H_2SO_4溶液作为电解液,以三维还原氧化石墨烯(尺寸10 mm×10 mm×5 mm)作为工作电极,以铂电极作为对电极,以饱和甘汞电极作为参比电极。测试参数为:电压扫描速率5 mV/s,电压扫描范围为0~1.6 V,循环次数2次。全部测试均在室温条件下进行。

同样,采用三电极体系分别测试不同还原方式获取的三维还原氧化石墨烯电极的阻抗特性。测试体系以0.1 mol/L $VOSO_4$+2.0 mol/L H_2SO_4溶液作为电解液,以三维还原氧化石墨烯气凝胶(尺寸10 mm×10 mm×5 mm)作为工作电极,以铂电极作为对电极,以饱和甘汞电极作为参比电极。测试参数为:初始频率为100 kHz,终止频率为0.001 Hz,扰动电压振幅为10 mV。全部测试均在室温条件下进行。

4.3　结果与讨论

4.3.1　三维还原氧化石墨烯气凝胶的表面形貌分析

不同还原方法制取的三维还原氧化石墨烯气凝胶的表面形貌通过SEM测试获得。测试采用S-4800型冷场发射扫描电子显微镜对电极样品的形貌特征进行观察。测试温度为室温,放大倍数为150倍。H-rGO、Ha-rGO、U-rGO和DA-rGO四种不同还原方法制备的三维还原氧化石墨烯气凝胶SEM图像如图4-2所示。由图可见,氢碘酸还原的Ha-rGO表面为多孔网状结构。Ha-rGO层间相互层叠,形成多孔网状结构。多孔网状结构的还原氧化石墨烯气凝胶具有高比表面积的特点,为电化学反应提供充足的反应位点,从而有利于电化学反应更加快速地进行;常规水热法还原获取的H-rGO表面形貌也为多孔网状结构,但存在着少量的团聚现象,使得三维石墨烯的孔径相比于Ha-rGO较小。尿素还原制取的U-rGO和多巴胺还原制取的 DA-rGO 出现较为明显的团聚现象,各片层间结构区分不明显,孔径明显变小。

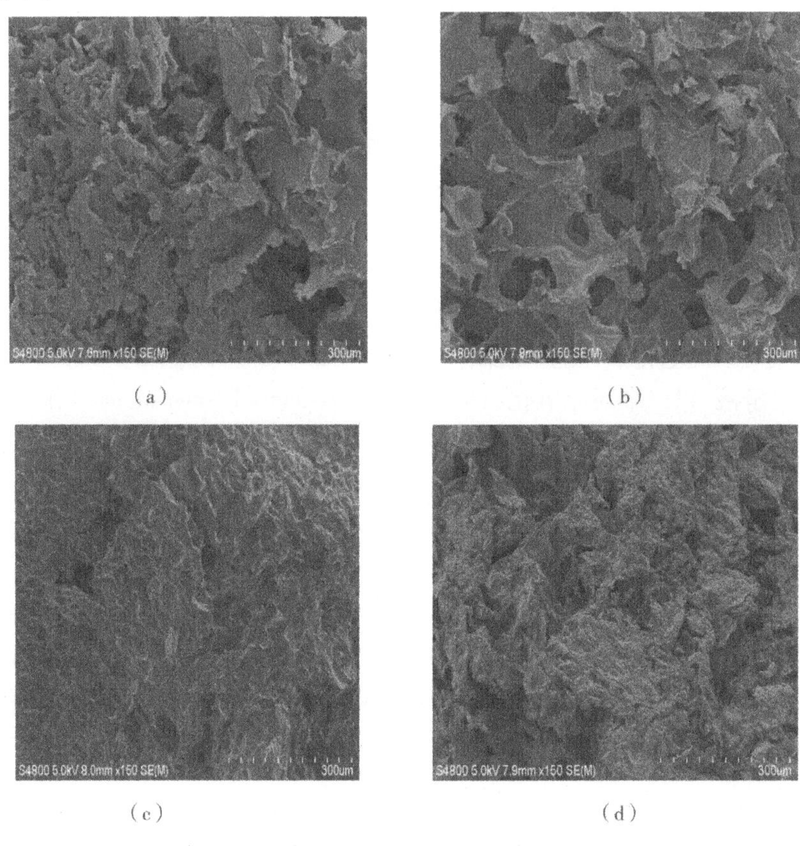

(a) (b) (c) (d)

(a) H-rGO;(b) Ha-rGO;(c) U-rGO;(d) DA-rGO。

图 4-2 不同还原氧化石墨烯电极 SEM 图

4.3.2 三维还原氧化石墨烯气凝胶的表面成分分析

将不同还原方法制备的三维还原氧化石墨烯气凝胶进行冷冻干燥之后,称取适量的三维还原氧化石墨烯气凝胶与 KBr 一起研磨,再压制成薄片以用于 FT-IR 测试。采用赛默飞 IS50 型傅里叶变换红外光谱仪对压制的薄片进行红外测试分析,用于研究不同还原方法制备的三维还原氧化石墨烯气凝胶的表面官能团类型。测试采用的扫描范围为 400 ~ 4 000 cm^{-1},测试在室温条件下进行。

图 4-3 为不同还原方式获取的还原氧化石墨烯气凝胶的 FT-IR 图谱。与氧化石墨烯的 FT-IR 图谱相比,经水热法、尿素还原法、氢碘酸还原法获得的还原氧化

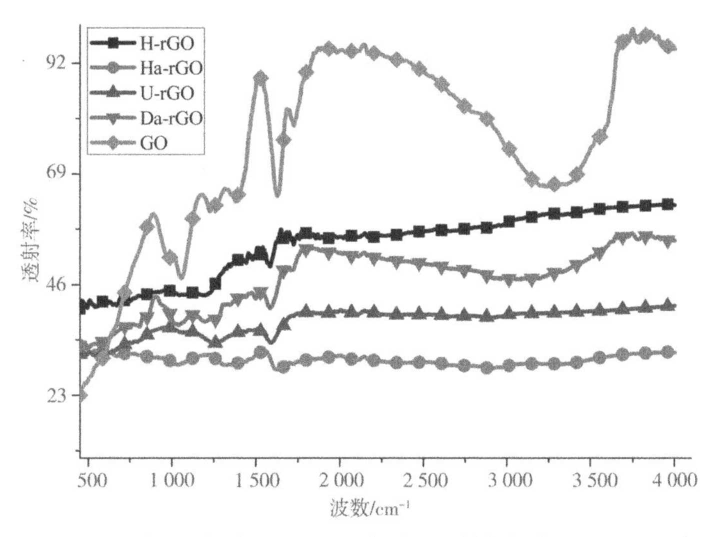

图 4-3　不同还原方式获取的还原氧化石墨烯气凝胶的 FT-IR 图谱

石墨烯气凝胶表面的含氧官能团的特征峰(约 3 200 cm^{-1} 位置)消失,表明这三种还原方法均可以成功将氧化石墨烯还原为还原氧化石墨烯。但是,氧化石墨烯经多巴胺还原后,仍有强度较弱的 C—OH 的伸缩振动峰存在。

4.3.3　三维还原氧化石墨烯气凝胶的 XRD 表征分析

将三维还原氧化石墨烯气凝胶压制成一定厚度的测试样品薄片。样品经 35 ℃真空干燥处理后,采用 XRD 对压制的薄片进行表征。根据表征 XRD 结果,用于研究不同还原方法制备的还原氧化石墨烯气凝胶的晶面间距。XRD 测试以 Cu 靶作为靶源,测试温度为室温,测试的扫描角度范围为 10°~60°,扫描速度为 5°/min。

不同还原方法制备的还原氧化石墨烯气凝胶的 XRD 图谱如图 4-4 所示。根据图 4-4,以水热法、多巴胺、氢碘酸和尿素还原得到的还原氧化石墨烯气凝胶在 2θ 为 25°、24.20°、26°和 25.54°附近处分别出现较宽的衍射峰。相比于氧化石墨烯的 XRD 图谱,采用不同还原方式获得的还原氧化石墨烯气凝胶晶面间距均出现缩小,表明氧化石墨烯被还原后,其材料结构的有序性提升。

4.3.4　还原氧化石墨烯气凝胶电极 EIS 表征和 CV 分析

(1) 还原氧化石墨烯气凝胶电极的 EIS 测试表征

图 4-5 为不同还原方法制备的还原氧化石墨烯气凝胶的 Nyquist 图谱。四种样品的 Nyquist 图均由低频区的直线和高频区的圆弧组成。低频区的直线为活性

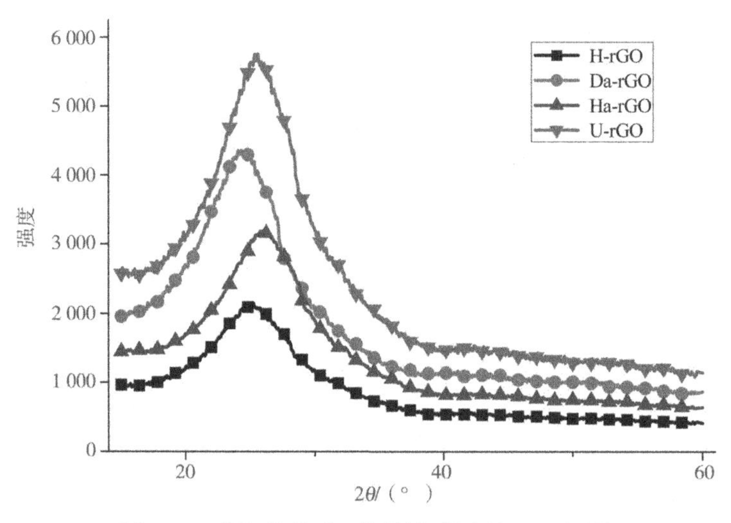

图 4-4　不同还原氧化石墨烯气凝胶的 XRD 图谱

物质在溶液中的扩散控制过程,而高频区的半圆弧为电极表面的电化学反应控制过程。由图可知,以三维还原氧化石墨烯作为工作电极的测试体系中,电化学反应过程是反应物扩散和电极界面电化学反应的混合控制过程。不同还原方式获取的还原氧化石墨烯气凝胶在高频和低频区域有着显著的差异,表明电极具有不同的扩散性能和电化学活性。通过对 EIS 图谱进行等效电路法拟合,获取各电化学参数,从而分析电极界面电化学反应过程,具体的各拟合电化学参数如表 4-1 所示。

表 4-1　不同还原氧化石墨烯 Nyquist 数据

电极样品	溶液电阻 R_s/Ω	液相传质扩散电阻 W/Ω	电荷转移电阻 R_{ct}/Ω	双电层	
				电容 $Q/\mu F$	频率功率 n
Da-rGO	1.401	0.008 105	6.29	$2.917\times^{-5}$	0.860 2
U-rGO	1.001	$1.218\times^{-7}$	0.352 3	0.033 48	0.800 0
H-rGO	1.318	0.069 86	191.4	$6.84\times^{-5}$	0.787 9
Ha-rGO	1.022	0.820 1	0.96	0.085 31	0.558 3

根据表 4-1,电阻 R_s(溶液电阻)的差异较小,主要由于所有测试采用相同的溶液配比,具有相同的溶液电阻。但是在测试过程中,由于工作电极与参比电极之间的相对位置在每次测试安装过程中存在一定的差异,导致溶液电阻的测试值存在一定差值。对比不同气凝胶电极的扩散电阻,氢碘酸还原的石墨烯气凝胶具有最高的扩散电阻,为 0.820 1 Ω,而尿素还原的石墨烯气凝胶的扩散电阻最低,为

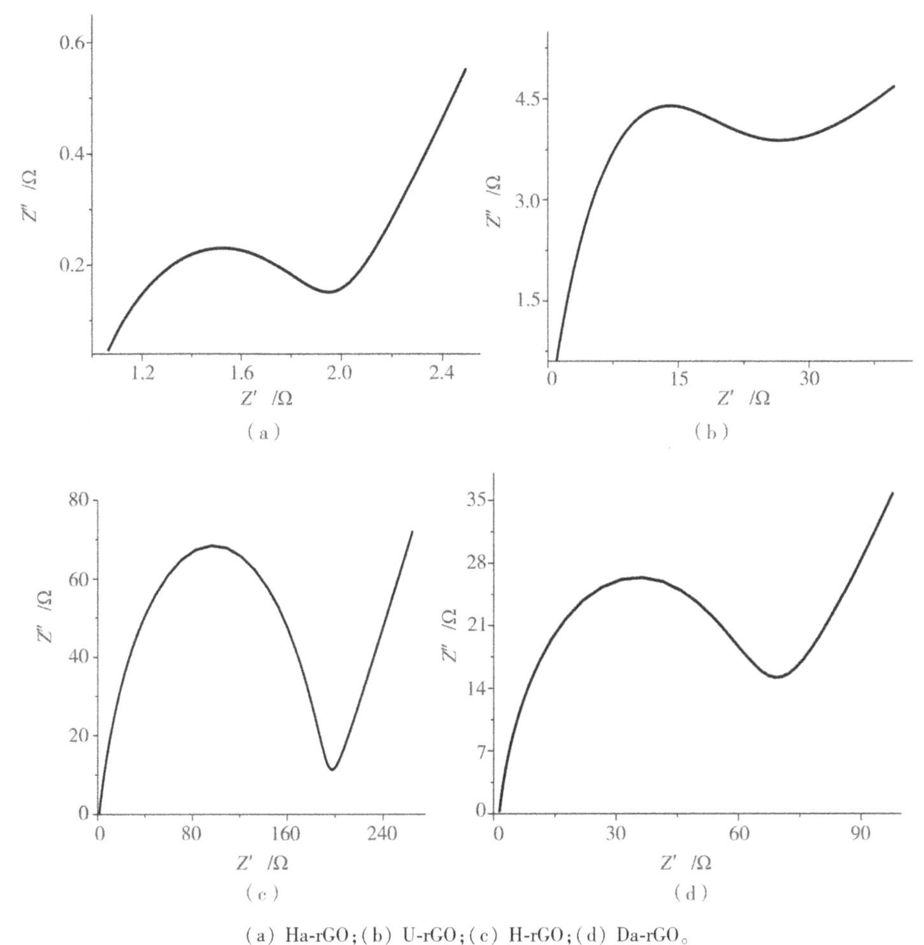

(a) Ha-rGO;(b) U-rGO;(c) H-rGO;(d) Da-rGO。

图4-5 不同还原方式获取的三维还原氧化石墨烯 Nyquist 图谱

1.218×10^{-7} Ω。电荷转移电阻反映电化学反应过程中电荷转移的难易程度,对比不同气凝胶电极的电荷转移电阻,直接水热法还原的石墨烯气凝胶的电荷转移电阻最高,为191.4 Ω。电荷转移电阻过高不利于电化学反应的发生。经尿素和氢碘酸还原获得的三维还原氧化石墨烯气凝胶的电荷转移电阻均较低,分别为0.352 3 Ω和0.96 Ω。电荷转移电阻的降低,有利于促进电极表面电化学反应时的电荷传输,使得电极界面反应能够迅速进行。四种不同还原方法制备的还原氧化石墨烯气凝胶电极之间的双电层电容值相差较大。双电层电容大小的排列顺序依次为:Ha-rGO>U-rGO>H-rGO>Da-rGO。电极双电层电容越大,越容易吸附反应活性离子,从而提高电极界面反应物浓度,有利于电极界面电化学反应速率的提升。通过上述的等效电路法分析,表明 Ha-rGO 电极和 U-rGO 电极拥有较好的电极/溶液界面反应特性。

(2) 循环伏安法分析

对四种不同还原方法获取的石墨烯气凝胶电极进行 CV 测试以研究其电极性能。CV 测试的结果如图 4-6 所示。根据图 4-6,以水热法和多巴胺法还原获得的石墨烯气凝胶电极的循环伏安曲线中均未出现明显的氧化峰和还原峰,表明这两种电极无法有效地在全钒液流电池正极反应中起到催化作用,不适合作为正极材料应用到全钒液流电池。根据 EIS 图谱,可能是因为这两种电极高的电荷传输阻抗,阻碍了电化学反应的进行。以尿素还原的石墨烯气凝胶电极出现氧化峰,但氧化峰峰值电流很小,且未出现明显的还原峰,表明该电极作用下的电化学反应活性和电化学反应可逆性均不高。因此,以尿素还原获得的三维还原氧化石墨烯气凝胶也不适合作为全钒液流电池正极材料。相比于前三种还原方式获得的石墨烯气

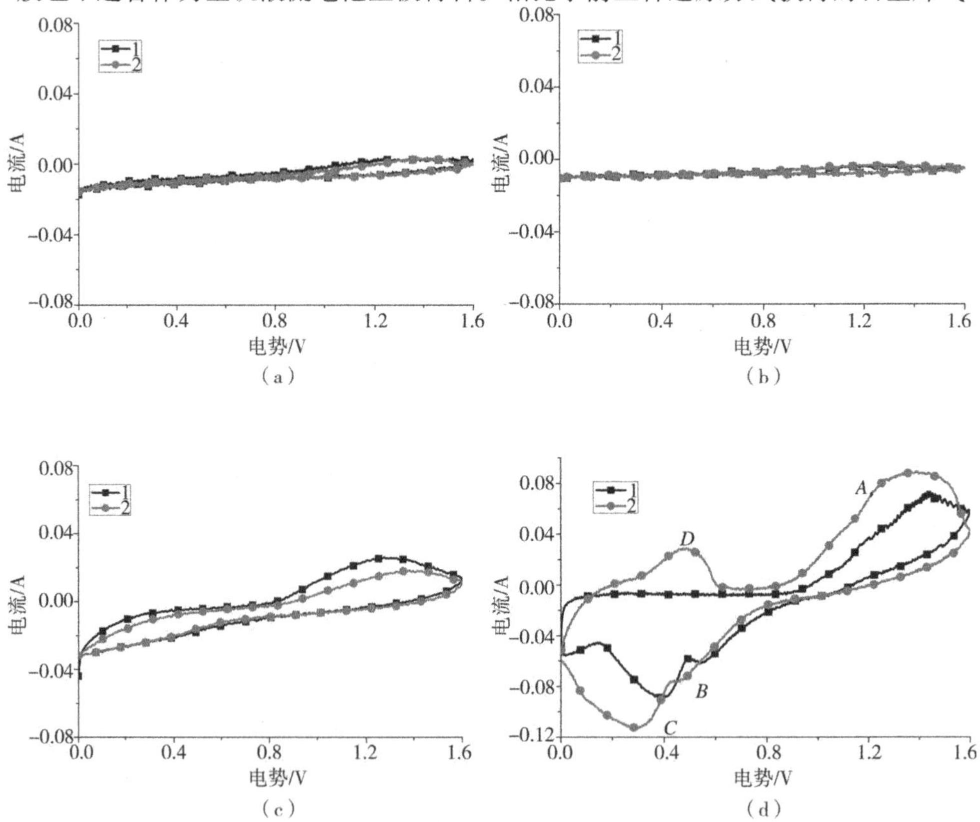

(a) H-rGO;(b) Da-rGO;(c) U-rGO;(d) Ha-rGO。

图 4-6　不同还原氧化石墨烯循环 CV 曲线

凝胶，氢碘酸还原获取的还原氧化石墨烯气凝胶在全钒液流电池正极反应中表现出最佳的电化学性能。在第一次扫描周期内，出现了 1 个氧化峰和 2 个还原峰；第二次扫描周期内出现了 2 个氧化峰和 2 个还原峰，表明在第二次扫描周期内电极表面发生两种氧化还原反应。

分别对 Ha-rGO 电极的 2 组氧化还原反应进行分析，其结果如表 4-2 所示。分析表 4-2 的数据可知，第一次 CV 循环和第二次 CV 循环的氧化峰电位值分别为 0.494 V和 1.393 V，还原峰电位值分别为 0.426 V 和 0.288 V。在第一个扫描周期内，A_1峰电位对应 VO^{2+}氧化为 VO_2^+ 的反应过程，B_1峰电位对应 VO_2^+ 还原为 VO^{2+} 的反应过程。而 C_1峰电位则发生 VO^{2+}还原为 V^{3+}反应，生成的 V^{3+}离子继续参与第二个扫描周期内的反应，在 D_2峰电位处氧化为 VO^{2+}。通过峰电流和峰电位数值的分析，Ha-rGO 气凝胶电极在 VO_{2+}/VO^{2+}电化学反应中表现出较高的催化活性和电化学反应可逆性。但以 Ha-rGO 作为工作电极的体系内伴随 VO^{2+}/V^{3+}这一副反应，因此该电极还无法直接应用于全钒液流电池领域，需要进一步研究副反应的发生机理，进一步改进电极结构和成分，避免副反应的影响。

表 4-2　Ha-rGO 循环伏安曲线数据

循环次数	氧化峰 1		氧化峰 2		还原峰 1		还原峰 2	
	i_{pa}/A	E_{pa}/V	i_{pa}/A	E_{pa}/V	i_{pc}/A	E_{pc}/V	i_{pc}/A	E_{pc}/V
1	—	—	0.073	1.434	-0.062	0.540	-0.089	0.391
2	0.029	0.494	0.089	1.393	-0.076	0.426	-0.113	0.288

4.4　本章小结

本章实验采用改进的 Hummers 法制备氧化石墨烯，利用 SEM、FT-IR 和 X 射线衍射技术(XRD)等测试手段对氧化石墨烯的材料特性进行分析。采用模压法制备出特定形状的三维还原氧化石墨烯气凝胶作为电极应用于全钒液流电池领域。采用四种不同的还原方法制备三维还原氧化石墨烯气凝胶，并以 SEM、FT-IR 和 XRD 分析不同还原方法对制备的三维还原氧化石墨烯结构和形貌的影响，以 EIS 分析和 CV 测试研究不同还原方法制备的三维还原氧化石墨烯气凝胶的电化学性能。主要结论如下：

(1) 实验采用模压法和冷冻干燥技术相结合的方法成功制备出具有预定尺寸结构的三维还原氧化石墨烯气凝胶。分别以水热法、尿素还原法、多巴胺还原法和氢碘酸还原法将氧化石墨烯还原为还原氧化石墨烯气凝胶。采用水热法和氢碘酸还原制备的石墨烯气凝胶表面呈多孔状。但是以尿素和多巴胺作还原剂获得的还原氧化石墨烯气凝胶的表面比较密实,存在明显的团聚现象。

(2) 研究结果表明,以水热法、尿素还原法和多巴胺还原法得到的还原氧化石墨烯气凝胶,其循环伏安特性曲线没有明显的氧化还原峰,表明电极对全钒液流电池 VO_2^+/VO^{2+}反应没有电化学活性。但是,以氢碘酸还原得到的还原氧化石墨烯气凝胶在全钒液流电池正极反应中有相对较高的氧化还原峰,表明 Ha-rGO 电极具有较高的催化活性。但是,Ha-rGO 电极的正极反应中存在 VO^{2+}向 V^{3+}转变的副反应,需要进一步研究以提升石墨烯气凝胶电极的电化学性能。

第5章 羟基修饰多壁碳纳米管/石墨毡对全钒液流电池性能的影响

5.1 引言

电极材料作为电池的关键部件之一,与电池的电化学极化、浓差极化和欧姆极化紧密相关,从而对电池的性能产生重要影响。因此,需要设计合理的电池材料以降低电化学极化、浓差极化以及欧姆极化,从而提高全钒液流电池的整体性能。石墨毡因具有高电导率、高孔隙率和高比表面积等优越的材料特性,通常作为全钒液流电池的电极材料。但是,石墨毡电极存在着电化学性能低的问题,同时亲水性较差,导致全钒液流电池的性能不佳。因此,需要对石墨毡进行改性处理以提高其电化学性能。近年来,报道了通过热处理、酸处理、辐射处理、纳米物质修饰等多种处理方法,在电极表面引入高催化性能的活性基团,从而提高电极的电化学性能。多壁碳纳米管(MWCNTs)具有高电导率、高比表面积和高催化活性等特点,高电导率使其电子能够实现快速传递,从而降低电化学极化,同时,通过多种方法可以在管壁上修饰各种不同的官能团,如羟基和羧基等。例如,经过羟基修饰的多壁碳纳米管(Hydroxyl MWCNTs)不仅具有良好的电导性和催化活性,其表面吸附的羟基能为氧化还原反应提供更多的反应活性位点,具有更高的反应催化活性。实验分别以 MWCNTs、Hydroxyl MWCNTs 作为催化剂吸附于石墨毡表面;采用电化学工作站对制备的复合电极进行循环伏安特性测试和电化学交流阻抗谱测试,研究不同催化剂对复合材料电化学性能的影响;进一步通过对装配复合电极的电池进行充放电测试和 *J-V* 测试,研究复合电极对全钒液流电池整体性能的影响。

5.2 实验方案

分别选用 MWCNTs 和 Hydroxyl MWCNTs 作为催化剂,将 MWCNTs 和 Hydroxyl MWCNTs 吸附到石墨毡电极表面,研究不同催化剂对电极电化学性能的影响。对处理后的复合电极进行材料性能测试、电化学性能测试(CV 和 EIS 测试)和全钒液流电池整体性能测试。电极材料性能测试包括复合电极的 SEM 测试、FT-IR 测试、电导率测试、吸附性能测试、比表面积测试和 XPS 测试。CV 和 EIS 测试均采用三电极体系进行。三电极系统以制备的复合电极作为工作电极，铂电极为对电极，饱和甘汞电极为参比电极。全钒液流电池整体性能测试分别以处理前后的石墨毡为电极，进行充放电测试、循环充放电测试和 *J*-*V* 测试。测试所用的充电截止电压为 1.65 V，放电截止电压为 0.8 V。实验采用恒流模式进行充放电测试。

5.3 石墨毡的预处理

首先，将石墨毡(GF)裁剪成尺寸为 1 cm×1 cm 和 3 cm×3 cm 的块状电极，然后用去离子水清洗 2～3 次，超声处理 30 min。将处理后的石墨毡电极放入 80 ℃的烘箱中进行 4 h 的干燥处理，避免石墨毡表面杂质对实验结果的影响。

将 10 mg MWCNTs 和 10 mg Hydroxyl MWCNTs 分别与 10 mL 的二甲基甲酰胺混合。将制备的混合液进行超声处理 1 h，并进行磁力搅拌 2 h，最终获得 MWCNTs 和 Hydroxyl MWCNTs 均匀分散的混合液，如图 5-1 所示。

图 5-1　均匀的碳纳米管悬浮液

将预处理过的 1 cm×1 cm GF 浸入制备的悬浮液，进行 24 h 浸泡处理。将浸泡后的石墨毡用去离子水冲洗 3 次，去除未充分吸附的催化物质，再在 100 ℃的烘箱中进行 24 h 干燥处理。对获取的碳纳米管修饰和羟基碳纳米管修饰石墨毡复合电极进行材料特性表征、CV 测试和 EIS 测试。根据上述同样的方法，制备尺寸为 3 cm×3 cm 的改性石墨毡。将制备的改性石墨毡作为全钒液流电池的正负极，进行全钒液流电池的整体性能测试，包括充放电测试和 *J*-*V* 测试，计算改性石墨毡电极作用下的电池各效率值，包括电流效率、电压效率和能量效率。

5.4　测试结果与分析

5.4.1　SEM 测试

各电极的表面形貌如图 5-2 所示,分别为原始 GF、MWCNTs/GF 和 Hydroxyl MWCNTs/GF 的表面形貌。原始 GF 中碳纤维的表面较为光滑,而经过处理后的石墨毡表面出现明显的附着物。表明 MWCNTs 和 Hydroxyl MWCNTs 已成功附着于 GF 纤维表面。

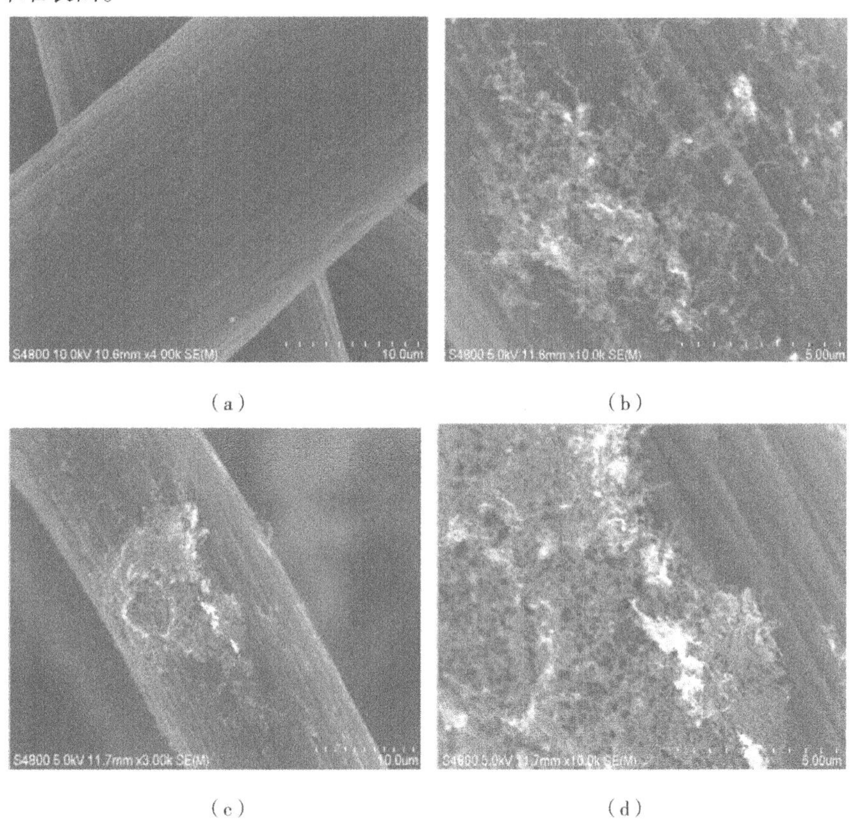

(a)　　(b)

(c)　　(d)

(a) GF;(b) MWCNTs/GF;(c),(d) Hydroxyl MWCNTs/GF。

图 5-2　原始 SEM 图像

5.4.2 电导率测试

采用 RTS-8 四探针测试系统来分别对原始 GF、MWCNTs/GF 和 Hydroxyl MWCNTs/GF 的电导率进行测试。四探针测试系统的具体参数设置如图 5-3 所示,实验采用薄层方块电阻模块对待测样品进行测试。

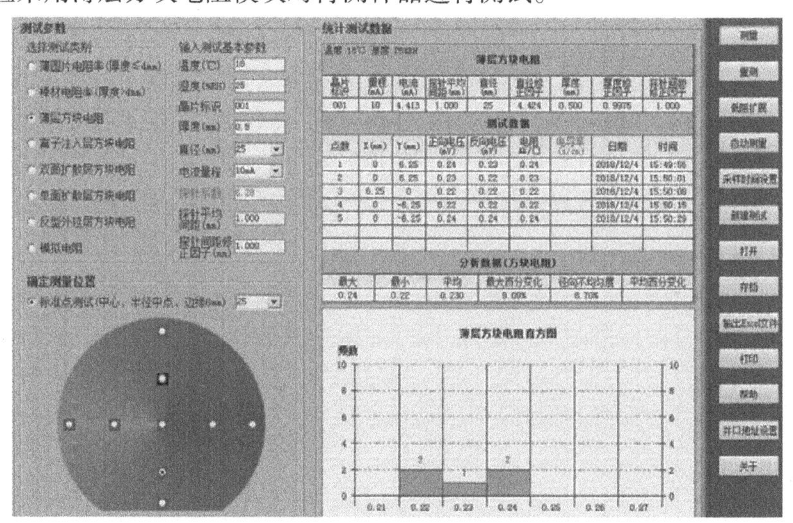

图 5-3 四探针测试系统

GF、MWCNTs/GF 和 Hydroxyl MWCNTs/GF 的电阻率和电导率结果如表 5-1 所示。由于 MWCNTs 在 GF 表面的修饰,电极的电导率显著增加。与 MWCNTs/GF 相比,Hydroxyl MWCNTs/GF 的电导率较低,为 54.58 S/cm。研究结果表明,Hydroxyl MWCNTs 由于含氧基团的存在,其导电性相比于 MWCNTs 较低,但不会导致 Hydroxyl MWCNTs/GF 电导率的显著降低。相比于 GF,MWCNTs/GF 和 Hydroxyl MWCNTs/GF 两种电极的电导率均有提高。电导率的提高有利于电化学反应过程中的电子传递速率,从而降低电池的欧姆极化损失。

表 5-1 不同样品的电阻率和电导率

测量样品	电阻率/(Ω·cm)	电导率/($S \cdot cm^{-1}$)
GF	0.021	48.92
MWCNTs/GF	0.016	60.92
Hydroxyl MWCNTs/GF	0.015	54.58

5.4.3　电极比表面积测试

为研究 Hydroxyl MWCNTs 修饰对电极比表面积的影响,采用比表面及孔隙分析仪对样品进行测试,其结果如图 5-4 所示。电极的比表面积对电池性能有着重要影响,由于高的比表面积能够吸引更多的钒离子,从而为电化学反应提供更多的活性位点。GF 在经过 MWCNTs 的修饰处理后,在比表面积测试中对 N_2 吸附的能力提升。测试所得的 GF、MWCNTs/GF 和 Hydroxyl MWCNTs/GF 的比表面积分别为 0.86 m^2/g,6.19 m^2/g 和 11.10 m^2/g。研究结果表明,Hydroxyl MWCNTs/GF 的比表面积高于 MWCNTs/GF,可能是由于 Hydroxyl MWCNTs 所含有的羟基基团有利于 Hydroxyl MWCNTs 吸附于石墨毡电极表面。在同样浓度的悬浮液中,相比于 MWCNTs,更多数量的 Hydroxyl MWCNTs 在浸泡处理过程中吸附于石墨毡电极表面,从而显著提高石墨毡电极的比表面积。

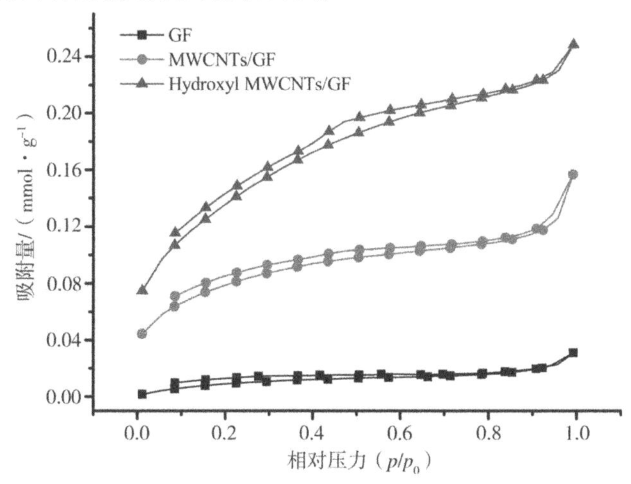

图 5-4　不同电极的 N_2 等温吸附图

5.4.4　XPS 测试

原始 GF、MWCNTs/GF 和 Hydroxyl MWCNTs/GF 的 XPS 测试如图 5-5 和图 5-6 所示。XPS 测试在 0 ~ 1 350 eV 的结合能范围内进行,用于测试、分析电极表面的主要元素含量。三种测试样品均在 284 eV 和 532 eV 位置出现了明显的峰,分别对应于 C 元素和 O 元素的特征峰。不同样品表面的各元素含量如表 5-2 所示。研究结果表明,Hydroxyl MWCNTs/GF 表面的氧含量显著提升,表明 Hydroxyl MWCNTs 成功吸附于石墨毡电极表面。在 Hydroxyl MWCNTs 被修饰处理后,O 元素的含量从原始石墨毡的 2.17% 增加至 13.02%,表明含氧基团在 GF 表面的有效吸附。

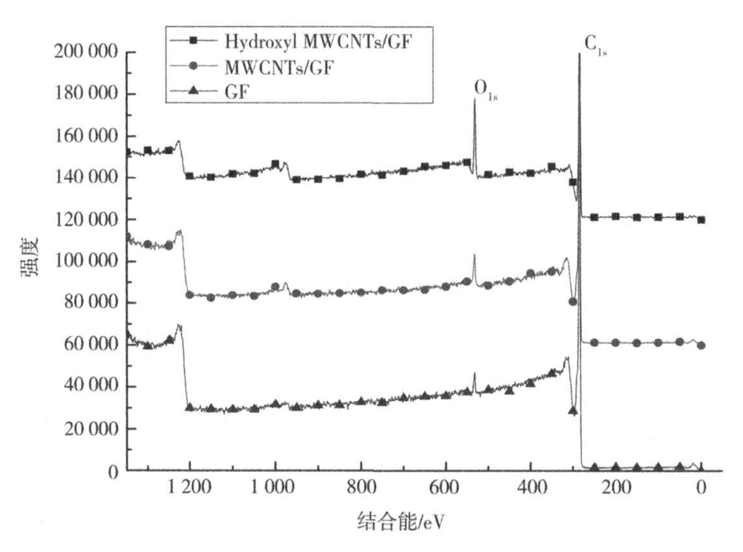

图 5-5　GF、MWCNTs/GF 和 Hydroxyl MWCNTs/GF 宽扫描光谱

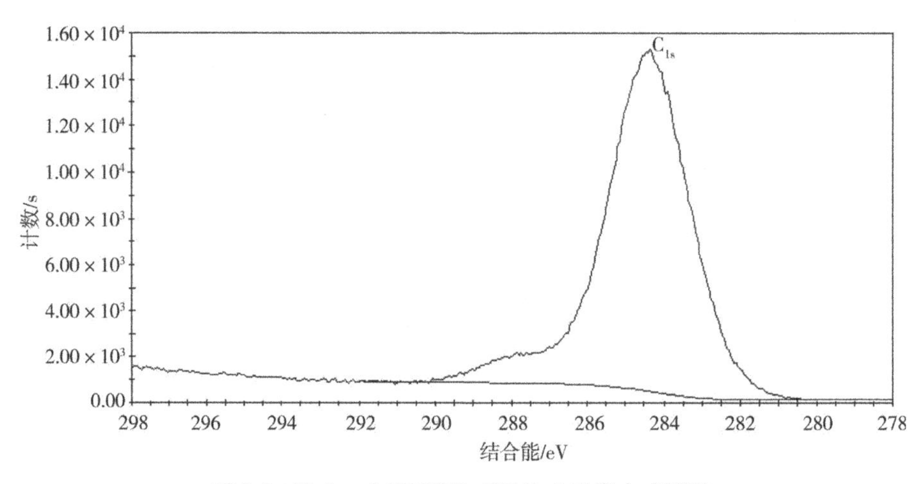

图 5-6　Hydroxyl MWCNTs/GF 的 C 元素合成图谱

表 5-2　Hydroxyl MWCNTs/GF、MWCNTs/GF 和原始 GF 中 C、O 和 N 元素的含量

测量样品	C 含量/%	O 含量/%	N 含量/%
Hydroxyl MWCNTs/GF	86.25	13.02	0.74
MWCNTs/GF	95.83	3.56	0.61
GF	97.31	2.17	0.52

为了进一步分析样品表面各元素的化学结合状态，分别对 GF、MWCNTs/GF 和 Hydroxyl MWCNTs/GF 的 XPS 谱线进行分峰处理。通过分峰处理，能够区别元素不同种化学状态相近的谱线，能更清楚地分析元素的多种化学状态和对应的含量，如图 5-7 所示。

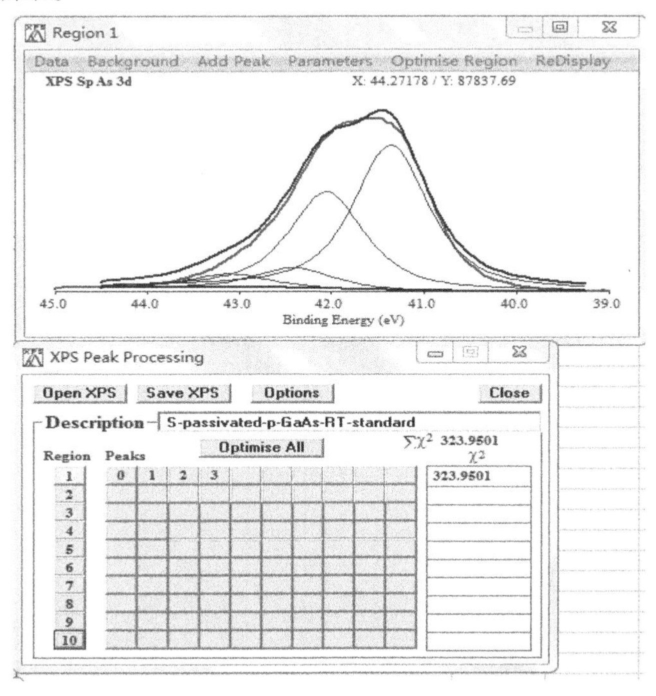

图 5-7　分峰处理

图 5-8 为 Hydroxyl MWCNTs/GF、MWCNTs/GF 和原始 GF 分峰处理后的图谱。在 284 eV 和 532 eV 出现两个明显的特征峰，分别对应于 C 和 O 元素的特征峰。图 5-8（b）为 Hydroxyl MWCNTs/GF 的 C_{1s} 图，采用 C ═C（284.5 eV），C—C（286.2 eV），C—O（287.5 eV），C ═O（287.9 eV）进行分峰处理。比较图 5-8（d）和图 5-8（f），结果表明经过 Hydroxyl MWCNTs 修饰后，电极中的 C—O 键含量显著提高。电极表面 C—O 和 C ═O 的含量提高，说明 O 原子与电极表面的碳原子相互结合。分峰结果表明 C—O 含量最高，是电极表面主要的含氧官能团。

5.4.5　吸附性测试

通过吸附性测试进一步研究电极在 Hydroxyl MWCNTs 处理前后对钒离子的吸附能力。将制备的 GF、MWCNTs/GF 和 Hydroxyl MWCNTs/GF 充分烘干，称重并

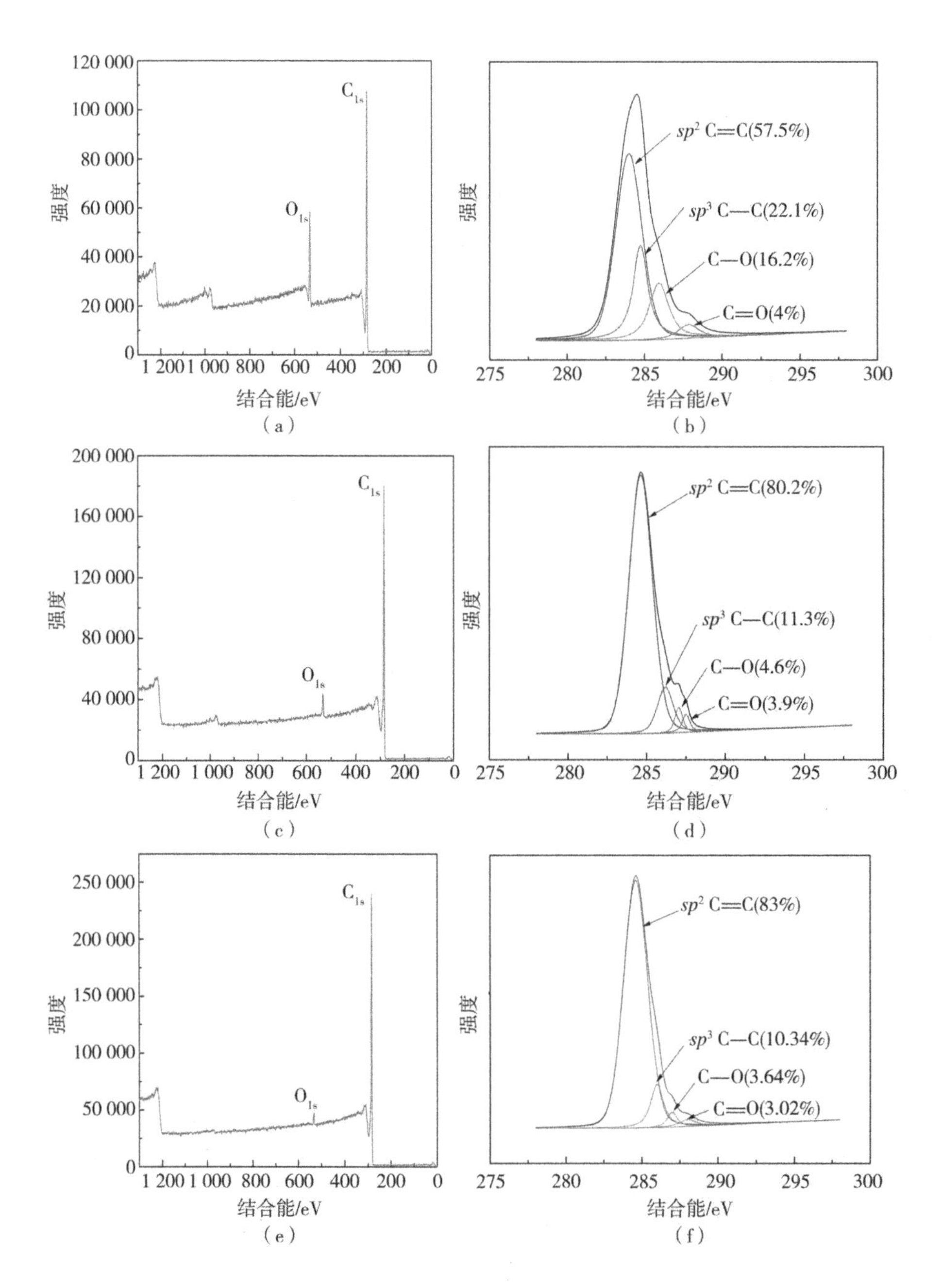

(a),(b) Hydroxyl MWCNTs/GF;(c),(d) MWCNTs/GF;(e),(f) GF。

图 5-8　C_{1s}光谱曲线拟合

记录干燥后的质量 W_d。然后分别将三种样品浸泡于等量的相同浓度的钒离子溶液中，浸泡时间为 10 h，再取出并充分烘干，称取浸泡处理后的质量 W_w。根据式(5.1)，计算浸泡处理后各样品的质量增加百分数，其计算结果如表 5-3 所示。

$$W_1 = \frac{W_w - W_d}{W_d} \times 100\% \tag{5.1}$$

式中，W_d 和 W_w 分别代表各样品浸泡吸附前后的质量。

表 5-3　石墨毡的钒离子吸附质量比

测试样品	W_d/g	W_w/g	W_1/%
GF	0.3	0.71	137
MWCNTs/GF	0.3	1.32	340
Hydroxyl MWCNTs/GF	0.3	1.63	443

如表 5-3 所示，石墨毡在经过 Hydroxyl MWCNTs 修饰处理后，电极对钒离子的吸附性能显著提升，其质量增加百分数可高达 443%。石墨毡在 MWCNTs 修饰处理后，其质量增加百分数可达到 340%，相比于 GF 有较大的提高。由于碳纳米管在石墨毡纤维表面的附着，使电极的比表面积大幅增加，使得边缘与棱角活性碳原子的数目增加，从而增大了钒离子与电极表面的接触面积，有利于更多钒离子在电极表面的吸附。同时，由于 Hydroxyl MWCNTs 的修饰，使得石墨毡表面的含氧官能团浓度增加，促进钒离子通过钒氧键的方式与含氧官能团相结合。因此，Hydroxyl MWCNTs 修饰的石墨毡对钒离子具有最强的吸附能力，在吸附后电极质量明显增加。

5.4.6　循环伏安测试

循环伏安法测试采用的电解液为 0.1 mol/L $VOSO_4$+2 mol/L H_2SO_4溶液。循环伏安测试采用的电压扫描范围为-0.2 ~ 1.6 V，分别以不同的扫描速率对样品进行电压扫描。图 5-9(a) ~ (c)为 GF、MWCNTs/GF、Hydroxyl MWCNTs/GF 在不同扫描速率下的 CV 测试结果。由图可知，以 GF 为工作电极时，测得的循环伏安曲线中 VO^{2+}/VO_2^+ 氧化还原反应的氧化峰较强，但还原峰很弱，表明在原始 GF 表面发生的电化学反应的可逆性较差。样品经过 MWCNTs 修饰后，电极的 CV 测试结果显示出更为对称的氧化峰和还原峰，还原峰值变得更加明显。氧化峰峰值相比于 GF 的氧化峰值有所增加，如图 5-9(b)所示。随着扫描速率的增加，峰值电位分离几乎不变，表明电极表面上的 VO^{2+}/VO_2^+ 氧化还原反应是准可逆的。此外，根据测试结果可知 Hydroxyl MWCNTs/GF 具有最高的氧化还原峰电流，并且电位差

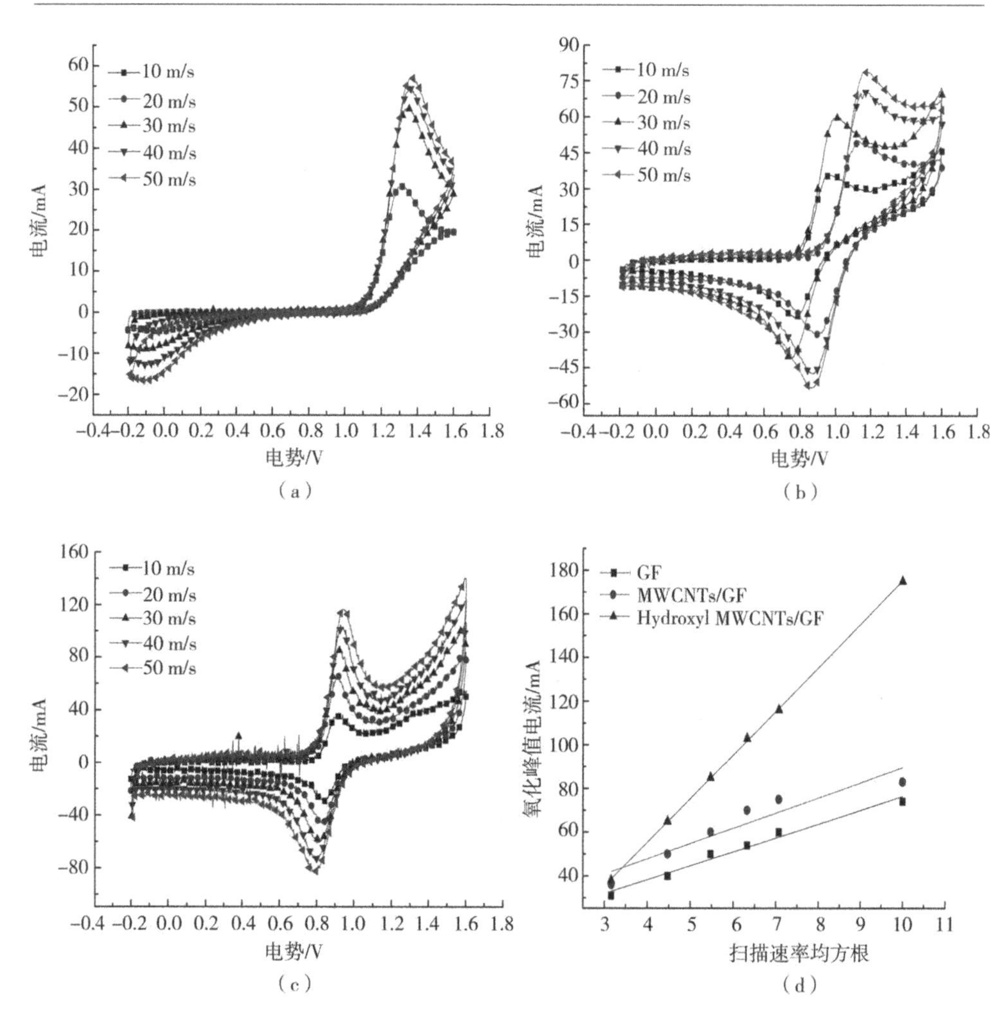

(a) GF；(b) MWCNTs/GF；(c) Hydroxyl MWCNTs/GF；(d) 氧化峰电流与扫描速率平方根之间的关系。

图 5-9　0.1 mol/L $VOSO_4$+2 mol/L H_2SO_4中不同扫描速率下的循环伏安曲线和氧化峰电流与扫描速率均方根之间的关系

最低，如图 5-9(c)所示。电极经过 Hydroxyl MWCNTs 修饰后，其催化活性和电化学反应可逆性显著增强。根据氧化还原峰电流随扫描速率的变化可以计算、分析电解液的扩散系数，用于研究电极质量传递性能对电池性能的影响。在可逆条件下，峰值电流随扫描速率的变化由式(5.2)表示。

$$I_{\mathrm{p}} = 2.69 \times 10^5 n^{1.5} AcD_0^{1/2} v^{1/2} \tag{5.2}$$

其中，I_p代表峰电流强度；A 代表电极的真实表面积；n 代表电化学反应过程中电子的转移数量；D_0代表扩散系数；c 代表反应物的初始浓度；v 代表循环伏安测试的扫描速度。

根据式(5.2),I_p、$D_0^{1/2}$、$v^{1/2}$呈线性关系,利用 I_p 与 $v^{1/2}$ 作图,曲线的斜率值 K 能直观表达电极的扩散性能。根据绘制氧化峰电流与扫描速率的均方根关系曲线来评估不同修饰电极作用下活性物质的传质能力,如图 5-9(d)所示。由图可知,峰值电流与电压扫描速率的均方根成正比,表明电极反应受扩散传输控制。其中,Hydroxyl MWCNTs/GF 样品对应的斜率最大,表明 Hydroxyl MWCNTs 修饰能显著提高钒离子等活性物质的扩散速率,从而降低电池的浓差极化。原因在于 Hydroxyl MWCNTs 在电极表面的修饰,其所含有的羟基基团能够提高电极对钒离子的吸附性能,从而提高钒离子的扩散速率,促进 VO^{2+}/VO_2^+ 反应的进行。

在扫描速率为 20 mV/s 的条件下,不同电极的循环伏安曲线如图 5-10 所示。通过比较不同电极的伏安行为,研究结果表明,经过 MWCNTs 和 Hydroxyl MWCNTs 修饰之后,石墨毡电极的催化活性均显著增强。

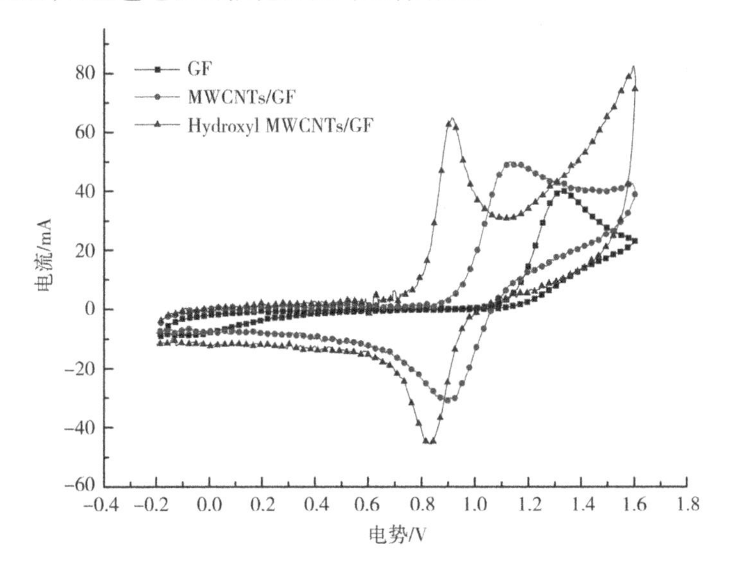

图 5-10　以 20 mV/s 的恒定扫描速率的不同电极的循环伏安图

不同电极的峰值电流和峰值电位差值如表 5-4 所示。Hydroxyl MWCNTs 修饰的电极具有最佳催化活性,氧化峰电流和还原峰电流分别为 64.34 mA 和 -53.61 mA。此外,相比于原始石墨毡,经 MWCNTs/GF 和 Hydroxyl MWCNTs/GF 修饰后,电位分离显著降低,表明 MWCNTs 和 Hydroxyl MWCNTs 的修饰均有利于提高石墨毡电极的电化学反应可逆性。相比于 MWCNTs/GF,Hydroxyl MWCNTs/GF 对正极氧化还原反应具有更高的反应可逆性。由于 Hydroxyl MWCNTs 含有大量的羟基,从而有效地促进电池正极反应,降低 VO^{2+}/VO_2^+ 反应的电化学极化。

表 5-4　使用不同催化剂的循环伏安图以 20 mV/s 的扫描速率获得的参数

测试样品	峰值电位分离(ΔE_p)/mV	还原峰电流(I_{pc})/mA	氧化峰电流(I_{pa})/mA
GF	1 100.13	-15.31	30.45
MWCNTs/GF	153.43	-38.22	45.53
Hydroxyl MWCNTs/GF	81.52	-53.61	64.34

5.4.7　交流阻抗测试

为深入研究 Hydroxy MWCNTs 对电池 VO^{2+}/VO_2^+ 反应的影响,进一步对样品进行 EIS 测试,相应的 Nyquist 曲线如图 5-11 所示。在扫描频率 0.01 Hz ~ 100 kHz 的频率范围内,所有电极对应的 Nyquist 曲线均由半圆部分和直线部分两部分组成。EIS 图谱中的高频区半圆部分代表电化学反应中的电荷传输过程,而低频区的线性部分代表电化学反应过程中的质量扩散过程。研究结果表明,VO^{2+}/VO_2^+ 氧化还原反应受电荷转移和质量扩散共同控制。

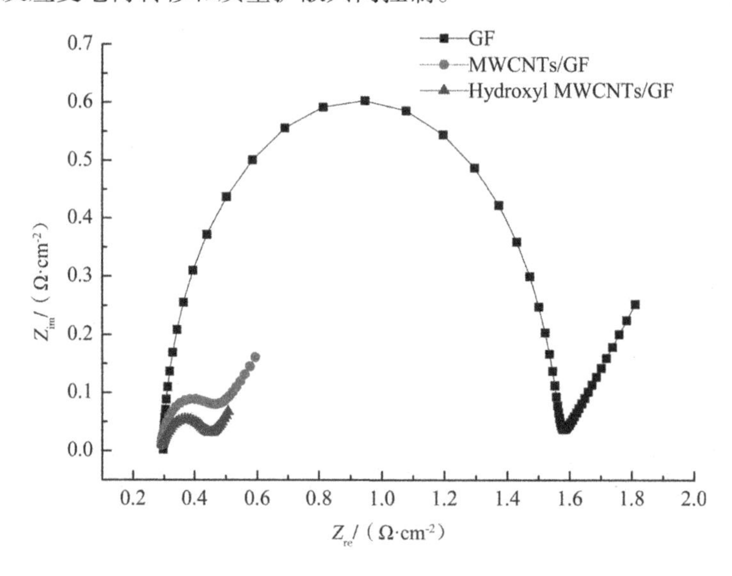

图 5-11　修饰电极的 EIS 阻抗谱

通过等效电路法对获得的 Nyquist 曲线进行分析。等效模拟电路如图 4-1 所示,并对实验数据与拟合数据进行对比分析,如图 5-12 所示。拟合曲线和实验曲线基本一致，且误差小于5%，说明拟合等效电路真实可靠。在用于拟合的等效电路中，R_s代表溶液的欧姆电阻，为电解液中离子迁移的阻力。R_{ct}代表电极/电解质界面上的电荷转移电阻，电荷转移电阻越大代表电化学反应过程所受阻力越高。Q_t为恒相位单元，代表电极/电解质界面的双电层电容。W为瓦尔堡(Warburg)阻抗，其数值大小与钒离子在电极中的吸附和扩散相关。

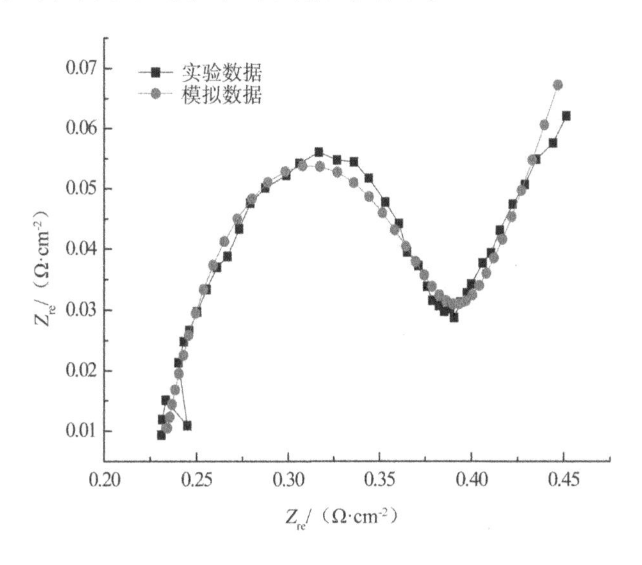

图5-12　阻抗实验与拟合对比

通过等效电路法对EIS图谱进行拟合，获得的电化学参数如表5-5所示。R_s值基本不变，由于测试均采用同一电解质溶液，电阻保持基本一致。电极经修饰过后，R_{ct}值显著降低，表明GF经过MWCNTs和Hydroxyl MWCNTs修饰后，电极/电解质界面处的电荷转移电阻显著降低，从而使得电极表面的电化学反应更易发生。Hydroxyl MWCNTs/GF具有最低的电荷转移阻抗，由于Hydroxyl MWCNTs富含含氧基团，因而降低了电化学极化电阻，并加快了电荷在溶液/电极界面上的转移，证实了Hydroxyl MWCNTs能在正极反应中具有高催化活性。根据表5-5，GF经过修饰处理后，Q_t值明显增加，表明修饰后的电极对钒离子具有强的吸附性，使得反应物在电极表面的浓度增加。Hydroxyl MWCNTs/GF显示出最大的Q_t值，因为Hydroxyl MWCNTs中含氧基团相对较高的负电荷密度，加速了静电力对钒离子的吸附，进而促进活性物质的传质。电极经Hydroxyl MWCNTs修饰后，加速了电化学反应的进行以及活性物质的传输。导致电极表面和溶液内部产生了较高的浓度差，从而加大了反应物的扩散速率，使得Warburg系数增加。

表 5-5　由等效电路模型产生的拟合参数

不同的电极	$R_s/(\Omega\cdot cm^{-2})$	Q_t[CPE]		R_{ct}	W
		$Q/Y/(S\cdot s^{-n})^{-1}$	$n(0<n<1)$	$/(\Omega\cdot cm^{-2})$	$/(S\cdot s^{-5}\cdot cm^{-2})$
Pristine GF	0.30	1.19×10^{-3}	0.74	1.26	0.11
MWCNTs/GF	0.28	2.34×10^{-3}	0.86	0.16	0.32
Hydroxyl MWCNTs/GF	0.27	4.53×10^{-3}	0.94	0.14	0.38

5.4.8　充放电测试分析

为了进一步了解制备的 MWCNTs 修饰复合电极对 VRFB 性能的影响，分别对不同修饰类型的电极进行充放电测试，如图 5-13 所示。测试采用的充电截止电压为 1.65 V，放电截止电压为 0.8 V，以恒电流模式进行充放电测试，电流密度为 80 mA/cm^2。选用 GF 电极的厚度为 5 mm，电解液的流速为 30 mL/min。充电-放电曲线表明，采用 Hydroxyl MWCNTs 为催化剂的 VRFB 电池具有最佳的电池性能。与原始 GF 电极相比，配备有 MWCNTs/GF 和 Hydroxyl MWCNTs/GF 电池的电池容量分别增加了 15.3% 和 30.6%。装配 Hydroxyl MWCNTs/GF 的全钒液流电池表现出最低的充电电压和最高的放电电压，表明电池在运行过程中过电势较低，电池具有更高的性能表现。

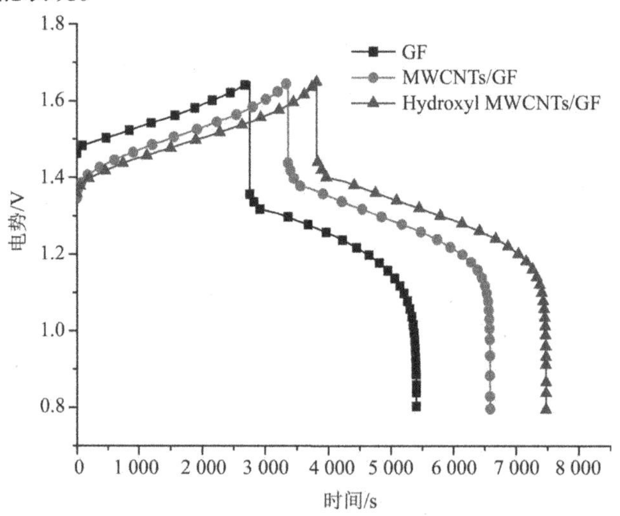

图 5-13　不同电极样品的充放电测试曲线

根据反应机理，VRFB 在电化学反应过程中，电极表面和电解液内部时刻进行电子的转移和离子的交换。V^{3+}和VO^{2+}在充电过程中先经扩散作用传递至电极表面，并与电极表面的含氧基团相结合，完成质子交换和电荷转移过程。反应结束后，在电极表面生成的V^{2+}与VO_2^+进行解吸附，在浓度梯度的作用下重新返回电解液中。石墨毡电极经 Hydroxyl MWCNTs 修饰后，含氧官能团的数量明显增加，使得电极表面对钒离子的吸附能力增强，更多钒离子聚集在电极表面，电极表面反应物浓度增加，从而提高正极VO^{2+}/VO_2^+反应的反应动力学。由于含 MWCNTs 催化剂的附着，光滑的石墨毡纤维粗糙度增大，使得电极比表面积增加，为电化学反应提供了更多的反应活性位点。因此，配备有 MWCNTs/GF、Hydroxyl MWCNTs/GF 的电池具有更低的充电电压、更高放电电压和更大的电池容量。

5.4.9　*J-V* 测试

J-V 曲线可用于定量地描述电池系统的整体性能。根据功率计算公式 $P=IV$、$J=I/S$（其中 S 为电极的面积），即电流 I 为定值时，电压 V 越大，则电池功率越高。当电流密度 J 恒定时，获取的 *J-V* 曲线所对应的 V 值越大，则电池的功率密度越高，电池具有更好的性能。图 5-14 为电解液浓度为 1 mol/L、电解液流速为 30 mL/min时，装配 GF、MWCNTs 处理及 Hydroxyl MWCNTs 处理石墨毡的全钒液流电池 *J-V* 测试曲线。由图 5-14 可知，石墨毡电极经处理后能有效提高电池功率密度和电池的性能。

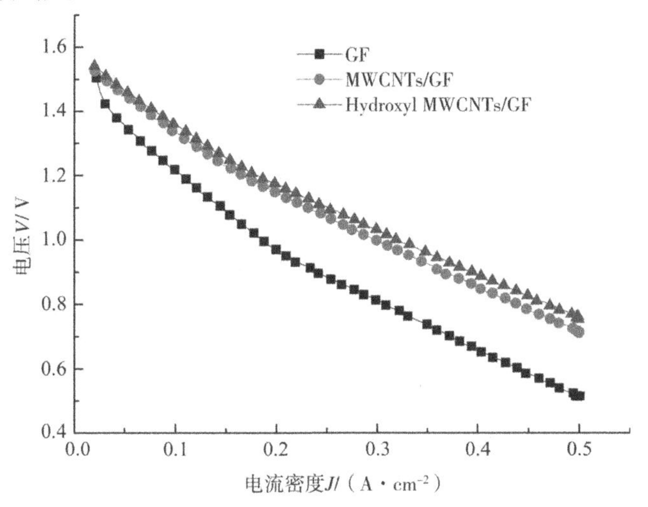

图 5-14　不同电极的 *J-V* 曲线

全钒液流电池效率是评价电池整体性能的重要指标。以恒流模式进行充放电测试，通过充放电设备记录实验数据并计算电池性能的三个关键指标：电流效率

(CE)、电压效率(VE)、能量效率(EE)。

装配GF、MWCNTs/GF及Hydroxyl MWCNTs/GF的电池的电流效率(CE)、电压效率(VE)和能量效率(EE)如表5-6所示,Hydroxyl MWCNTs/GF电池具有最优的电池性能,电流效率为96.01%,电压效率为83.05%和能量效率为79.74%。能量效率(EE)的差异反映出电极催化活性的差异。根据前述的XPS分析结果,发现石墨毡电极表面经Hydroxyl MWCNTs修饰后,电极表面的C—OH官能团显著增多,羟基基团通过与钒离子形成C—O—V,从而加快电子在电极中的传输速度。处理后的石墨毡电极的电导率明显提升。Hydroxyl MWCNTs/GF性能的提高归因于碳纳米管本身的高导电性和含氧基团的引入,从而显著降低电解质/电极界面之间的电荷转移电阻。

表5-6　配备有不同电极的电池效率

电极样品	电流效率(CE)/%	电压效率(VE)/%	能量效率(EE)/%
GF	96.21	75.87	72.99
MWCNTs/GF	95.92	81.32	78.01
Hydroxyl MWCNTs/GF	96.01	83.05	79.74

5.4.10　循环伏安测试

循环稳定性测试在80 mA/cm^2的电流密度下进行,用于评估Hydroxyl MWCNTs/GF电极的稳定性。循环性能测试包括CE、EE和放电容量在50次循环次数下的数值变化,如图5-15所示。由图可知,装配GF和Hydroxyl MWCNTs/GF的电池的电流效率均高达95%以上,表明测试电极具有好的密封性。对于能量效率值,相比于装配GF的电池,装配Hydroxyl MWCNTs/GF的电池具有更高的能量效率,且在50次充放电循环后,能量效率基本保持在79.88%。但是装配GF电池的能量效率值从74.61%降低为71.45%,能量效率有一定的降低。因此,装配Hydroxyl MWCNTs/GF电池的初始放电容量更高。装配Hydroxyl MWCNTs/GF电池第一次放电容量为736.20 mA·h,而装配GF电池的第一次放电容量为543.70 mA·h。电池经过50次充放电循环后,其放电容量分别衰减至556.8 mA·h和344.80 mA·h。稳定的能量效率和缓慢的容量衰减速率表明Hydroxyl MWCNTs作为催化剂能够在全钒液流电池操作条件下具有稳定的性能,归功于Hydroxyl MWCNTs/GF电极高的电化学催化活性和电化学可逆性。

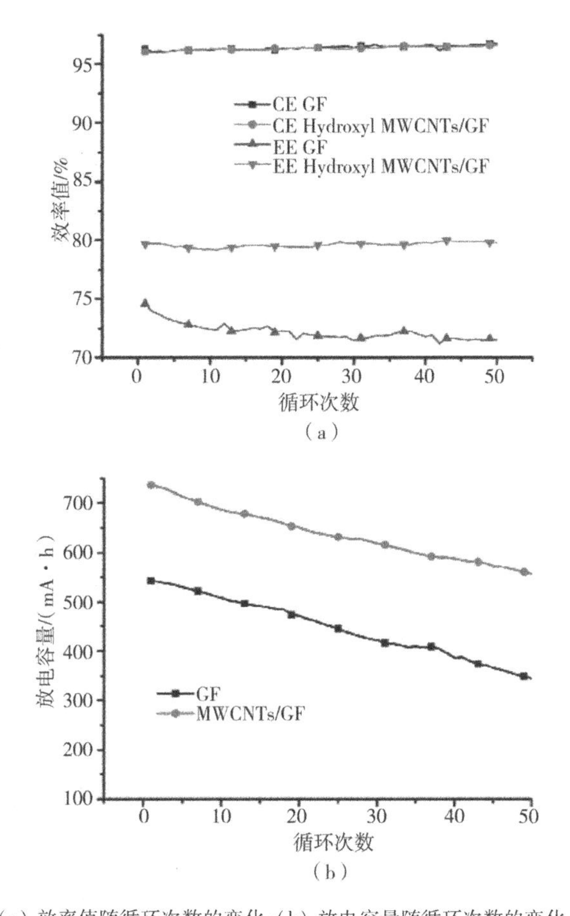

(a) 效率值随循环次数的变化;(b) 放电容量随循环次数的变化。

图5-15 装配GF和装配Hydroxyl MWCNTs/GF电极的电池循环性能测试

5.5 本章小结

本章内容主要包括三部分内容:Hydroxyl MWCNTs/GF材料特性表征、Hydroxyl MWCNTs/GF电化学性能测试、装配Hydroxyl MWCNTs/GF电极电池的整体性能测试。电极材料特性表征包括SEM测试、比表面积测试、FT-IR测试、XPS测试、电导率和电阻率测试以及钒离子吸附性能测试。采用三电极系统进行电化学测试,电化学性能测试包括CV测试和EIS测试。最后组装成全钒液流电池单体,进行充放电测试和*J-V*测试。分析Hydroxyl MWCNTs作为催化剂对电极电化学性能以及电池整体性能的影响。具体结果如下:

(1) 通过对电极材料特性表征实验,研究结果表明附着在石墨毡电极上的多壁碳纳米管能有效地提升电极比表面积、导电性和钒离子吸附能力。Hydroxyl MWCNTs 使得复合电极表面的含氧官能团增加,从而为电化学反应提供更多的活性位点。

(2) 通过对三种电极进行循环伏安测试,在经过 MWCNTs 和 Hydroxyl MWCNTs修饰后,电位分离差均降低,还原峰值均明显增加。电极经修饰后,其 CV 测试曲线的氧化峰和还原峰形状更为对称,表明 MWCNTs 和 Hydroxyl MWCNTs 的修饰均有利于增强电化学反应可逆性。由于 Hydroxyl MWCNTs 表面引入大量含氧基团,电极具有高亲水性和高催化活性,促进反应过程中活性物质的扩散,有利于降低氧化还原反应的浓差极化。

(3) 通过电化学阻抗谱分析以深入研究 Hydroxyl MWCNTs 对正极 VO^{2+}/VO_2^+ 反应的影响。电极经 Hydroxyl MWCNTs 修饰后,电极/电解液界面处的电荷转移电阻降低,表明电极表面的电化学反应更易发生,有利于提高正极 VO^{2+}/VO_2^+ 反应的反应动力学。同时,Hydroxyl MWCNTs 修饰电极对钒离子具有更高的吸附性能,使得电极传质性能进一步提升。

(4) 充电-放电测试结果表明,与配备原始 GF 电极的电池相比,配备 MWCNTs/GF、Hydroxyl MWCNTs/GF 电池的电池容量分别增加了 15. 3% 和 30. 6% 。配备 Hydroxyl MWCNTs/GF 的全钒液流电池的充电电压更低,而放电电压则更高。通过计算电池的电流效率、电压效率、能量效率,研究表明电极经过 Hydroxyl MWCNTs 处理后具有更高的电压效率和能量效率。

第6章 结　论

6.1 研究工作总结

本书以全钒液流电池电极材料为研究对象，基于碳素材料为催化剂，研究以氮掺杂石墨烯、还原氧化石墨烯气凝胶和羟基多壁碳纳米管（Hydroxyl MWCNTs）对电极正极反应的影响。通过材料表征分析、电极性能分析和电池整体性能分析，获取不同催化剂修饰电极的材料特性、电化学活性、电化学可逆性和装备复合电极电池的各效率值。对电极性能的提升机理进行了详细的阐明，得到电极表面官能团、电极电导率以及不同碳素材料对电池性能的影响规律，从而提高电池性能。具体研究内容如下：

（1）通过冷冻干燥法和高温热解法相结合，制备氮掺杂石墨烯/石墨毡复合电极。研究结果表明氮掺杂石墨烯能够有效地吸附于电极表面，并显著提高传统石墨毡电极的比表面积，为正极反应提供更多的活性位点。氮掺杂石墨烯的吸附，为正极反应提供了更高的催化活性和电化学反应可逆性，从而提升全钒液流电池的性能。得益于氮元素的掺杂，电极的性能显著提升，其中 graphitic-N 在电极的性能提升中起到重要作用。

（2）模压法和冷冻干燥技术相结合，分别以水热法还原、尿素还原、多巴胺还原和氢碘酸还原方法制备还原氧化石墨烯气凝胶，并直接作为全钒液流电池电极。研究结果表明分别以水热法、尿素还原法和多巴胺还原法得到的还原氧化石墨烯气凝胶对 VO^{2+}/VO_2^+ 反应电化学活性均较弱。以氢碘酸还原得到的还原氧化石墨烯气凝胶在正极反应中具有较高的催化活性，但存在 VO^{2+} 向 V^{3+} 转变的副反应。

（3）Hydroxyl MWCNTs 作为电极催化剂能够提升正极 VO_2^+/VO^{2+} 反应速率，由于电极经 Hydroxyl MWCNTs 修饰后，电极/电解液界面处的电荷传输电阻显著降低，有利于电化学反应的进行。同时，Hydroxyl MWCNTs 的修饰使得电极的表面积增加，并且羟基基团对钒离子具有更高的吸附性能，从而提高了电极表面活性物质浓度，且为电化学反应提供更多的反应活性位点。装配 Hydroxyl MWCNTs 修饰石墨毡电极的全钒液流电池相比于装配传统石墨毡电极的电池具有更高的效率。

6.2 研究工作展望

通过对全钒液流电池电极材料发展现状的研究，以及本书对碳素材料为电极催化剂的研究，全钒液流电池电极材料还需要以下方面研究：

（1）催化剂与电极表面的结合及催化剂在电极表面的分布研究。目前关于各类催化剂在电极表面的吸附状况研究仍然较少。常用的吸附方法为物理吸附或化学吸附。但是对于具体的吸附强度、催化剂吸附后在电极表面的分布以及催化剂在长时间运行后的吸附情况仍未有研究。关于催化剂在石墨毡表面的分布情况对电池性能的影响需要进一步去研究。理论上，只有保证催化剂在电极表面的均匀分布，才能实现电极表面电流密度的均匀分布，从而避免因电流密度分布不均导致的局部过电势过高、电极性能衰减等问题。

（2）还原氧化石墨烯气凝胶直接作为全钒液流电池电极材料仍然需要进一步的研究。石墨烯气凝胶具有高比表面积、高孔隙率等优点，能够为电极反应提供足够的反应活性位点，同时也能够保证快速的反应物传输。但是在实际的测试结果中，石墨烯气凝胶的性能表现不佳，可能是由于合成的石墨烯气凝胶电导率相比于石墨毡较低，使得电子传输阻抗过高。此外，合成的石墨烯气凝胶存在机械性能不佳，受压易碎的问题，使得其使用寿命受限。在下一步的计划中，需要进一步改进三维石墨烯气凝胶的合成工艺，进一步提高石墨烯气凝胶的机械性能，减少内部缺陷结构。拟在石墨烯气凝胶中掺杂 Hydroxyl MWCNTs，利用 Hydroxyl MWCNTs 和三维石墨烯的协同效应，提高复合电极的性能，从而提升全钒液流电池性能。

参考文献

[1] 朱益飞. 世界能源发展趋势前景分析[J]. 变频器世界,2016(4):55-58.

[2] FOLEY A,OLABI A G. Renewable energy technology developments,trends and policy implications that can underpin the drive for global climate change[J]. Renewable and sustainable energy reviews,2017,68:1112-1114.

[3] 文越华,程杰,张华民,等. 液流储能电池电化学体系的进展[J]. 电池,2008,38(4):247-249.

[4] 杨霖霖,王少鹏,倪蕾蕾,等. 新型液流电池研究进展[J]. 上海电气技术,2015,8(1):46-49.

[5] 邓一凡. 液流电池储能系统应用与展望[J]. 船电技术,2017,37(12):33-38.

[6] ZHAO P,ZHANG H,ZHOU H,et al. Characteristics and performance of 10 kW class all-vanadium redox-flow battery stack[J]. Journal of power sources,2006,162(2):1416-1420.

[7] KEAR G,SHAH A A,WALSH F C. Development of the all-vanadium redox flow battery for energy storage: a review of technological, financial and policy aspects[J]. International journal of energy research,2012,36(11):1105-1120.

[8] RYCHCIK M,SKYLLAS-KAZACOS M. Characteristics of a new all-vanadium redox flow battery[J]. Journal of power sources,1988,22(1):59-67.

[9] 李国欣. 新型化学电源技术概论[M]. 上海:上海科学技术出版社,2007.

[10] ZHANG S D,ZHAI Y C. Study on the stability of all vanadium redox flow battery electrolyte[J]. Mechanical engineering, materials and energy Ⅱ,2013,281:461-464.

[11] SPAZIANTE P M,DICHAND M. Redox flow battery system and method of controlling it:US20150325874[P]. 2015-03-25.

[12] LIU H,XU Q,YAN C,et al. Corrosion behavior of a positive graphite electrode in vanadium redox flow battery[J]. Electrochimica acta,2011,56(24):8783-8790.

[13] LIU H,XU Q,YAN C. On-line mass spectrometry study of electrochemical corrosion of the graphite electrode for vanadium redox flow battery[J]. Electro-

chemistry communications,2013,28:58-62.

[14] 秦野,刘建国,严川伟. 全钒液流电池电解液研究进展及展望[C]//2013 中国化工学会年会论文集. 南京:[出版者不详],2013.

[15] 管涛,林茂财,余晴春,等. 添加剂对电解液及钒电池性能的影响[J]. 电池,2011,41(6):37-39.

[16] 冉洪波. 全钒液流电池离子交换膜性能研究[J]. 钢铁钒钛,2008,29(3):31-34.

[17] NIBEL O,ROJEK T,SCHMIDT T J,et al. Amphoteric ion-exchange membranes with significantly improved vanadium barrier properties for all-vanadium redox flow batteries[J]. ChemSusChem,2017,10(13):2767-2777.

[18] 李彦,徐铜文. 全钒液流电池用离子交换膜的研究进展[J]. 化工学报,2015,66(9):3296-3304.

[19] DONG Y,ZHANG Y X,XU H L,et al. Proton exchange membrane based on crosslinked sulfonated polyphosphazene containing pendent perfluorosulfonic acid groups with sulfonated poly(ether ether ketone)[J]. Journal of applied polymer science,2016,133(23):43492-43501.

[20] 陈栋阳,王拴紧,肖敏,等. 全钒液流电池离子交换膜的研究进展[J]. 高分子材料科学与工程,2009,25(4):167-169,174.

[21] LEE K J,CHU Y H. Preparation of the graphene oxide (GO)/Nafion composite membrane for the vanadium redox flow battery (VRB) system[J]. Vacuum,2014,107(Special I):269-276.

[22] 钱鹏,张华民,陈剑,等. 全钒液流电池用电极及双极板研究进展[J]. 能源工程,2007(1):7-11.

[23] RUDOLPH S,SCHR DER U,BAYANOV I M,et al. Corrosion prevention of graphite collector in vanadium redox flow battery[J]. Journal of electroanalytical chemistry,2013,709:93-98.

[24] KUMAR S,JAYANTI S. Effect of flow field on the performance of an all-vanadium redox flow battery[J]. Journal of power sources,2016,307:782-787.

[25] 殷聪,王晶,汤浩. 全钒氧化还原液流电池的流场工程设计与优化[J]. 东方电气评论,2011,25(4):7-12.

[26] CHANG T C,ZHANG J P,FUH Y K. Electrical,mechanical and morphological properties of compressed carbon felt electrodes in vanadium redox flow battery[J]. Journal of power sources,2014,245:66-75.

[27] WEI G,LIU J,ZHAO H,et al. Electrospun carbon nanofibres as electrode

materials toward VO^{2+}/VO_2^+ redox couple for vanadium flow battery[J]. Journal of power sources, 2013, 241: 709-717.

[28] 贾志军,宋士强,陈晓,等. 全钒液流电池阳极电偶中 VO^{2+} 氧化反应动力学研究[J]. 电源技术,2013,37(4):582-585.

[29] 刘素琴,史小虎,黄可龙,等. 钒(Ⅳ/Ⅴ)电对在碳纸电极上的反应机理研究[J]. 无机化学学报,2009,25(3):417-421.

[30] WANG W H, WANG X D. Investigation of Ir-modified carbon felt as the positive electrode of an all-vanadium redox flow battery[J]. Electrochimica acta, 2007, 52(24): 6755-6762.

[31] SUN B, SKYLLAS-KAZACOS M. Chemical modification and electrochemical behaviour of graphite fibre in acidic vanadium solution[J]. Electrochimica acta, 1991, 36(3/4): 513-517.

[32] ZHANG W, XI J, LI Z, et al. Electrochemical activation of graphite felt electrode for VO^{2+}/VO_2^+ redox couple application[J]. Electrochimica acta, 2013, 89: 429-435.

[33] WU X, XU H, XU P, et al. Microwave-treated graphite felt as the positive electrode for all-vanadium redox flow battery[J]. Journal of power sources, 2014, 263: 104-109.

[34] SUN B, SKYLLAS-KAZACOS M. Chemical modification of graphite electrode materials for vanadium redox flow battery application—part Ⅱ. Acid treatments[J]. Electrochimica acta, 1992, 37(13): 2459-2465.

[35] KIM K J, KIM Y J, KIM J H, et al. The effects of surface modification on carbon felt electrodes for use in vanadium redox flow batteries[J]. Materials chemistry and physics, 2011, 131(1/2): 547-553.

[36] LI W Y, LIU J G, YAN C W. Reduced graphene oxide with tunable C/O ratio and its activity towards vanadium redox pairs for an all vanadium redox flow battery[J]. Carbon, 2013, 55(2): 313-320.

[37] SHI L, LIU S, HE Z, et al. Nitrogen-doped graphene: effects of nitrogen species on the properties of the vanadium redox flow battery[J]. Electrochimica acta, 2014, 138: 93-100.

[38] WU T, HUANG K, LIU S, et al. Hydrothermal ammoniated treatment of PAN-graphite felt for vanadium redox flow battery[J]. Journal of solid state electrochemistry, 2012, 16(2): 579-585.

[39] CHEN J Z, LIAO W Y, HSIEH W Y, et al. All-vanadium redox flow batteries with

graphite felt electrodes treated by atmospheric pressure plasma jets[J]. Journal of power sources,2015,274:894-898.

[40] GONZÁLEZ Z, SÁNCHEZ A, BLANCO C, et al. Enhanced performance of a Bi-modified graphite felt as the positive electrode of a vanadium redox flow battery[J]. Electrochemistry communications,2011,13(12):1379-1382.

[41] FLOX C,RUBIO-GARCIA J,NAFRIA R,et al. Active nano-$CuPt_3$ electrocatalyst supported on graphene for enhancing reactions at the cathode in all-vanadium redox flow batteries[J]. Carbon,2012,50(6):2372-2374.

[42] HAN P,WANG H,LIU Z,et al. Graphene oxide nanoplatelets as excellent electrochemical active materials for VO^{2+}/VO_2^+ and V^{2+}/V^{3+} redox couples for a vanadium redox flow battery[J]. Carbon,2011,49(2):693-700.

[43] HAN P, YUE Y, LIU Z, et al. Graphene oxide nanosheets/multi-walled carbon nanotubes hybrid as an excellent electrocatalytic material towards VO^{2+}/VO_2^+ redox couples for vanadium redox flow batteries[J]. Energy & environmental science, 2011,4(11):4710-4717.

[44] LI W,ZHANG Z,TANG Y,et al. Graphene-nanowall-decorated carbon felt with excellent electrochemical activity toward VO^{2+}/VO_2^+, couple for all vanadium redox flow battery[J]. Advanced science,2016,3(4):1500276(1-7).

[45] CUI X M,DING H B,CHEN X E,et al. Investigations on the thermal and acid treatment of graphite felt for vanadium redox flow battery application [J]. Advanced materials research,2014,953-954:1157-1162.

[46] 王梦,陈磊,冯天明,等. 氨氟化处理石墨毡对钒电池正极反应电催化性能的影响[J]. 电池工业,2018,22(1):28-34.

[47] RABBOW T J,TRAMPERT M,POKORNY P,et al. Variability within a single type of polyacrylonitrile-based graphite felt after thermal treatment. Part Ⅱ: chemical properties[J]. Electrochimica acta,2015,173:24-30.

[48] 刘然,廖孝艳,杨春,等. 全钒液流电池石墨毡电极酸、热处理方法的对比[J]. 化工进展,2011(增刊1):762-766.

[49] WANG S,ZHAO X,COCHELL T,et al. Nitrogen-doped carbon nanotube/graphite felts as advanced electrode materials for vanadium redox flow batteries[J]. The journal of physical chemistry letters,2012,3(16):2164-2167.

[50] FLOX C,RUBIO-GARCIA,JAVIER,SKOUMAL M,et al. Thermo-chemical treatments based on NH_3/O_2 for improved graphite-based fiber electrodes in vanadium redox flow batteries[J]. Carbon,2013,60:280-288.

[51] JIN J,FU X,LIU Q,et al. Identifying the active site in nitrogen doped graphene for the VO^{2+}/VO_2^+ redox reaction[J]. ACS Nano,2013,7(6):4764-4773.

[52] SANGKI P,HANSUNG K. Fabrication of nitrogen-doped graphite felts as positive electrodes using polypyrrole as a coating agent in vanadium redox flow batteries[J]. Journal of materials chemistry A,2015,3(23):12276-12283.

[53] LI B,GU M,NIE Z,et al. Bismuth nanoparticle decorating graphite felt as a high-performance electrode for an all-vanadium redox flow battery[J]. Nano letters, 2013,13(3):1330-1335.

[54] GONZÁLEZ Z, SÁNCHEZ A, BLANCO C, et al. Enhanced performance of a Bi-modified graphite felt as the positive electrode of a vanadium redox flow battery[J]. Electrochemistry communications,2011,13(12):1379-1382.

[55] KIM K J, PARK M S, KIM J H, et al. Novel catalytic effects of Mn_3O_4 for all vanadium redox flow batteries[J]. Chemical communications, 2012, 48(44): 5455-5457.

[56] YAO C, ZHANG H, LIU T, et al. Carbon paper coated with supported tungsten trioxide as novel electrode for all-vanadium flow battery[J]. Journal of power sources,2012,218:455-461.

[57] HE Z,DAI L,LIU S,et al. Mn_3O_4 anchored on carbon nanotubes as an electrode reaction catalyst of V(Ⅳ)/V(Ⅴ) couple for vanadium redox flow batteries[J]. Electrochimica acta,2015,176:1434-1440.

[58] ZHOU H,SHEN Y,XI J,et al. ZrO_2-nanoparticle-modified graphite felt:bifunctional effects on vanadium flow batteries[J]. ACS applied materials & interfaces, 2016,8(24):15369-15378.

[59] NETO A C,GEIM A. Graphene:Graphene's properties[J]. The new scientist, 2012,214(2863):iv-v.

[60] 段淼,李四中,陈国华.机械法制备石墨烯的研究进展[J].材料工程, 2013(12):85-91.

[61] GAO M,PAN Y,HUANG L,et al. Epitaxial growth and structural property of graphene on Pt(111)[J]. Applied physics letters,2011,98(3):033101.

[62] KRAUS J,BOBEL M,GUNTHER,SEBASTIAN. Suppressing graphene nucleation during CVD on polycrystalline Cu by controlling the carbon content of the support foils[J]. Carbon,2016,96:153-165.

[63] ALAFERDOV A V,GHOLAMIPOUR-SHIRAZI A,CANESQUI M A,et al. Size-controlled synthesis of graphite nanoflakes and multi-layer graphene by liquid

phase exfoliation of natural graphite[J]. Carbon,2014,69:525-535.

[64] LONGO A, VERUCCHI R, AVERSA L, et al. Graphene oxide prepared by graphene nano-platelets and reduced by laser treatment[J]. Nanotechnology, 2017,28(22):1-12.

[65] DI BLASI O,BRIGUGLIO N,BUSACCA C,et al. Electrochemical investigation of thermically treated graphene oxides as electrode materials for vanadium redox flow battery[J]. Applied energy,2015,147:74-81.

[66] FU S,ZHU C,SONG J,et al. Three-dimensional nitrogen-doped reduced graphene oxide/carbon nanotube composite catalysts for vanadium flow batteries[J]. Electroanalysis,2017,29(5):1469-1473.

[67] DENG Q, HUANG P, ZHOU WEN XIN, et al. A high-performance composite electrode for vanadium redox flow batteries[J]. Advanced energy materials, 2017,7(18), doi:10.1002/aenm.201700461.

[68] SHENG K X, YU-XI X U, CHUN L I, et al. High-performance self-assembled graphene hydrogels prepared by chemical reduction of graphene oxide[J]. New carbon materials,2011,26(1):9-15.

[69] QIU L,LIU J Z,CHANG S L Y,et al. Biomimetic superelastic graphene-based cellular monoliths[J]. Nature communications,2012,3:1241.

[70] CHEN M,ZHANG C,LI X,et al. A one-step method for reduction and self-assembling of graphene oxide into reduced graphene oxide aerogels[J]. Journal of materials chemistry A,2013,1(8):2869-2877.

[71] CHEN W,YAN L. In situ self-assembly of mild chemical reduction graphene for three-dimensional architectures[J]. Nanoscale,2011,3(8):3132-3137.

[72] SEAH M P. The quantitative analysis of surfaces by XPS: a review[J]. Surface and interface analysis,1980,2(6):222-239.

[73] GARRISON E. X-ray diffraction (XRD): applications in archaeology[M]// SMITH C. Encyclopedia of global archaeology. New York: Springer Publishing Company,2014:7929-7933.

[74] SHI J L,DU W C,YIN Y X,et al. Hydrothermal reduction of three-dimensional graphene oxide for binder-free flexible supercapacitors[J]. Journal of materials chemistry A,2014,2(28):10830-10834.

[75] OSA G D L, PÉREZCOLL D, MIRANZO P, et al. Printing of graphene nanoplatelets into highly electrically conductive three-dimensional porous macrostructures[J]. Chemistry of materials,2016,28(17):6321-6328.